新型职业农民培育系列教材

畜禽规模养殖与养殖场经营

◎ 胡海建　高庆山　孙 晶　主编

中国农业科学技术出版社

图书在版编目（CIP）数据

畜禽规模养殖与养殖场经营 /胡海建，高庆山，孙晶主编．—北京：中国农业科学技术出版社，2017. 3

ISBN 978 –7 –5116 –2974 –6

Ⅰ. ①畜… Ⅱ. ①胡…②高…③孙… Ⅲ. ①畜禽 – 规模饲养②畜禽 – 养殖场 – 经营管理 Ⅳ. ①S815

中国版本图书馆 CIP 数据核字（2017）第 025522 号

责任编辑 白姗姗
责任校对 马广洋

出 版 者 中国农业科学技术出版社
北京市中关村南大街 12 号 邮编：100081
电 话 (010)82106638(编辑室) (010)82109702(发行部)
(010)82109709(读者服务部)
传 真 (010)82106650
网 址 http://www.castp.cn
经 销 者 各地新华书店
印 刷 者 北京富泰印刷有限责任公司
开 本 850mm ×1 168mm 1/32
印 张 7.5
字 数 194 千字
版 次 2017 年 3 月第 1 版 2017 年 3 月第 1 次印刷
定 价 29.90 元

《畜禽规模养殖与养殖场经营》

编 委 会

主　编：胡海建　高庆山　孙　晶

副主编：王伟华　应小红　于双燕
　　　　唐兵才　方　文　郑玉湄
　　　　陈小花

编　委：栾丽培　王　娇　郑文艳

前　言

新形势下，随着现代化社会的蓬勃发展以及畜禽养殖产业规模的不断发展，畜禽养殖产业创造了更高的经济效益。如何实现畜禽养殖产业的可持续发展，将越来越受到人们的关注和重视。

本书全面、系统地介绍了畜禽养殖的知识，包括畜禽养殖场建设与环境控制、畜禽养殖饲料配制、猪的规模养殖、牛的规模养殖、羊的规模养殖、鸡的规模养殖、鸭的规模养殖、鹅的规模养殖、畜禽养殖废弃物处理与利用、养殖场的经营管理等内容。

本书围绕大力培育新型职业农民，以满足职业农民朋友生产中的需求。重点介绍了畜禽养殖方面的成熟技术、以及新型职业农民必备的基础知识。书中语言通俗易懂，技术深入浅出，实用性强，适合广大新型职业农民、基层农技人员学习参考。

编　者

2017 年 1 月

目　　录

模块一　畜禽养殖场建设与环境控制

第一节　畜禽养殖场布局与规划

一、家畜养殖场布局

（一）场址选择条件

1. 合适的位置

家畜养殖场的位置应选在供水、供电方便，饲草饲料来源充足，交通便利且远离居民区的地方。

2. 地势高燥、地形开阔

家畜养殖场应选在地势高燥、平坦、向南或向东南地带稍有坡度的地方，既有利于排水，又有利于采光。

3. 土壤的要求

土壤应选择砂壤土为宜，能保持场内干燥，温度较恒定。

4. 水源的要求

创建家畜养殖场要有充足的、符合卫生标准的水源供应。

（二）布局

按功能规划为以下分区：生活区、管理区、生产区、粪尿处理区和病畜隔离区。根据当地的主要风向和地势高低依次排列。

1. 生活区

建在其他各区的上风头和地势较高的地段，并与其他各区用围墙隔开一段距离，以保证职工生活区的良好卫生条件，也是畜群卫生防疫的需要。

2. 管理区

管理区要和生产区严格分开，保证50m以上的距离，外来人员只能在管理区活动。

3. 生产区

应设在场区的下风向位置，禁止场外人员和车辆进入，要保证安全、安静。

4. 粪尿处理区

生产区污水和生活区污水收集到粪尿处理区，进行无害化处理后排出场外。

5. 病畜隔离区

建高围墙与其他各区隔离，相距100m以上，处在下风向和地势最低处。

二、家禽养殖场规划

禽场的合理建设是养禽业安全生产、取得良好经济效益的前提条件。科学合理地选择、规划、设计和建造高效规模的禽场，可营造家禽良好的生理生长饲养环境。对生产全过程进行安全监控，做到科学饲养与管理，以适应家禽在不同生理阶段的生存条件，减少应激、降低发病，最大限度地发挥其自身潜能，提高养禽业经济效益。且禽场（舍）固定资产投资大，不容易改建，影响时间长，因此应充分重视做好禽场的规划和设计等工程措施，做到禽场（舍）建设标准化，为今后长远发展奠定坚实的基础。

（一）场址选择

场址应选择在地势高、平坦、开阔、干燥的地方，位于居民区及公共建筑群下风向位置。周围应筑有围墙、排水方便、水源充足、水质良好。应考虑当地土地利用发展计划和村镇建设发展计划，应符合环境保护的要求，在水资源保护区、旅游区、自然保护区等绝不能投资建场，以避免建成后的拆迁造成的各种资源浪费。在满足规划和环保要求后，应综合考虑拟建场地的自然条件和社会条件。在选择场址时应该主要考虑以下5个方面的条件：水电供应、环境、交通运输、地质土壤、水文气象。

（二）规划与布局

禽场规划的原则是在满足卫生防疫等条件下，以有利于防疫、排污和生活为原则，使建筑紧凑；在节约土地、满足当前生产需要的同时，综合考虑将来扩建和改建的可能性。以鸡场为例，对于大型综合性鸡场来说，建筑物的种类和数量较多，布局要求高一些。但对于农村规模不大的专业户养鸡场来说，由于建筑物的种类和数量较少，布局比较方便。不管建筑物的种类和数量多与少，都必须合理布局。要考虑风向和地势，通过鸡场内各建筑物的合理布局来减少疫病的发生和有效控制疫病，经济有效地发挥各类建筑物的作用。

鸡场通常分为生产区、辅助生产区、行政管理区和生活区等，各区之间应严格分开并相隔一定距离。生活区和行政区在风向上与生产区相平行。有条件时，生活区可设置于鸡场之外，否则如果隔离措施不严，会造成防疫的重大失误。孵化室刚出壳的雏鸡最易受到外界各种细菌、病毒、寄生虫和鸡场各种病原体的污染，同时孵化室各类人员、运输车辆进出比较频繁，孵化室内蛋壳、死鸡、死胎、绒毛等也会导致孵化室成为一个潜在的污染源，从而污染鸡场的鸡群。所以孵化室应和其他鸡舍相隔一定距离，最好设立于整个鸡场之外。

在鸡场生产区内，应按规模大小、饲养批次将鸡群分成若干饲养小区，区与区之间应有一定的间距，各类鸡舍之间的距离因各品种各代次不同而不同。一般而言，祖代鸡舍之间的距离相对来说应相隔远一些，以60～80m为宜，父母代鸡舍之间每栋距离为40～60m，商品代鸡舍每栋之间距离为20～40m。每栋鸡舍之间应有围墙或沙沟等隔离。

鸡场内道路应设置清洁道和脏污道，且不能相互交叉，孵化室、育雏室、育成舍、成年鸡舍等各舍有入口连接清洁道；脏污道主要用于运输鸡粪、死鸡及鸡舍内需要外出清洗的脏污设备，各舍均有出口连接脏污道。

生产区内布局还应考虑风向，从上风方向至下风方向按代次应依次安排祖代、父母代、商品代，按鸡的生长期应安排育雏舍、育成舍和成年种鸡舍。这样有利于保护重要鸡群的安全。

在进行鸡场各建筑物布局时，鸡舍排列应整齐，以使饲料、粪便、产品、供水及其他物品的运输等呈直线往返，减少拐弯。

（三）禽场设计

禽场的合理设计，可以使温度、湿度等控制在适宜的范围内，为家禽充分发挥遗传潜力、实现最大经济效益创造必要的环境条件。不论是密闭式鸡舍，还是开放式鸡舍，通风和保温以及光照是设计的关键，是维持鸡舍良好环境条件的重要保证，且可以有效降低成本。

（1）通风设计　通风是调节鸡舍环境条件的有效手段，不但可以输入新鲜空气，排出氨气（NH_3）、硫化氢（H_2S）等有害气体，还可以调节温度、湿度。合理的饲养密度的通风方式有自然通风和机械通风两种。自然通风要考虑建筑朝向、进风口方位标高、内部设备布置等因素，要便于采光。机械通风依靠机械动力强制进行鸡舍内外空气的交换，可以分为正压通风和负压通风两种方式。

（2）控温设计　冬季供温方式可采取燃气热风炉、暖气、电热育雏伞或育雏器等，要保证鸡群生活区域温度适宜、均匀，地面温度要达到规定要求，并铺上干燥柔软的垫料。夏季应尽量采用保温隔热材料，并采取必要的降温措施。

（3）光照设计　光照不仅影响鸡的健康和生产力，还会影响鸡只的性机能。生产上通常采用自然光照和人工光照相结合的方式。自然光照就是让太阳直射光或散射光通过鸡舍的开露部分或窗户进入舍内以达到照明的目的；人工光照可以补充自然光照的不足，一般采用电灯作为光源。在舍内安装电灯和电源控制开关，根据不同日龄的光照要求和不同季节的自然光照时间进行控制，使家禽达到最佳生产性能。

第二节　畜禽养殖场建设

一、家畜养殖场建设（以牛舍为例）

（一）家畜舍建设

1. 家畜舍类型

（1）半开放家畜舍　半开放家畜舍三面有墙，向阳一面敞开，有部分顶棚，在敞开一侧设有围栏，水槽、料槽设在栏内，肉牛散放其中。每舍（群）15～20头，每头牛占有面积4～5m^2。这类家畜舍造价低，节省劳动力，但冬天防寒效果不佳。

（2）塑料暖棚家畜舍　塑料暖棚家畜舍属于半开放家畜舍的一种，是近年北方寒冷地区推出的一种较保温的半开放家畜舍。

（3）封闭家畜舍　封闭家畜舍四面有墙和窗户，顶棚全部覆盖，分单列封闭舍和双列封闭舍。

2. 家畜舍结构

（1）地基与墙体　地基深80～100cm，砖墙厚24cm，双坡式家畜舍脊高4.0～5.0m，前后檐高3.0～3.5m。家畜舍内墙的下部设墙围，防止水气渗入墙体，提高墙的坚固性、保温性。

（2）门窗　门高2.1～2.2m，宽2.0～2.5m。封闭式的窗应大一些，高1.5m，宽1.5m，窗台高距地面1.2m为宜。

（3）屋顶　最常用的是双坡式屋顶。

（4）牛床　一般的牛床设计是使牛前躯靠近料槽后壁，后肢接近牛床边缘，粪便能直接落入粪沟内即可。

（5）料槽　料槽建成固定式的、活动式的均可。水泥槽、铁槽、木槽均可用作牛的饲槽。

（6）粪沟　牛床与通道间设有排粪沟，沟宽35～40cm，深

10～15cm，沟底呈一定坡度，以便污水流淌。

（7）清粪通道　清粪通道也是牛进出的通道，多修成水泥路面，路面应有一定坡度，并刻上线条防滑。清粪道宽1.5～2.0m。牛栏两端也留有清粪通道，宽为1.5～2.0m。

（8）饲料通道　在饲槽前设置饲料通道。通道高出地面10cm为宜，饲料通道一般宽1.5～2.0m。

（9）运动场　多设在两舍间的空余地带，四周栅栏围起，将牛拴系或散放其内。每头牛应占面积为：成牛15～20m^2、育成牛10～15m^2、犊牛5～10m^2。

（二）家畜舍建设

1. 饲养方式

（1）舍饲拴系饲养方式

①成奶牛舍：多采用双坡双列式或钟楼、半钟楼式双列式。双列式又分对头式与对尾式两种。每头成奶牛占用面积8～10m^2，跨度10.5～12m，百头家畜舍长度80～90m。

②青年牛、育成家畜舍：大多采用单坡单列敞开式。每头牛占用面积6～7m^2，跨度5～6m。

③犊牛舍：多采用封闭单列式或双列式。

④犊牛栏：长1.2～1.5m，宽1～1.2m，高1m，栏腿距地面20～30cm，应随时移动，不应固定。

（2）散放饲养方式

①挤奶厅：设有通道、出入口、自由门等，主要方便奶牛进出。

②自由休息牛栏：一般建于运动场北侧，每头牛的休息牛床用85cm高的钢管隔开，长1.8～2m，宽1～1.2m，牛只能躺卧不能转动，牛床后端设有漏缝地板，使粪尿漏入粪尿沟。

2. 建筑要求

（1）基础　要求有足够的强度和稳定性，必须坚固。

（2）墙壁　墙壁要求坚固结实、抗震、防水、防火，并具良好的保温与隔热特性，同时要便于清洗和消毒。一般多采用砖墙。

(3) 屋顶　要求质轻，坚固耐用、防水、防火、隔热保温；能抵御雨雪、强风等外力因素的影响。

(4) 地面　家畜舍地面要求致密坚实，不硬不滑，温暖有弹性，易清洗消毒。

(5) 门　家畜舍门高不低于2m，宽2.2～2.4m。

(6) 窗　一般窗户宽为1.5～2m，高2.2～2.4m，窗台距地面1.2m。

二、家禽养殖场基础设施（以鸡场为例）

（一）喂料饮水设备

喂料设备主要有饲槽、喂料桶（塑料、木制、金属制品均可），大型鸡场还采用喂料机。饲槽的大小、规格因鸡龄不同而不同，育成鸡饲槽应比雏鸡饲槽稍深、稍宽。

饮水设备分为以下5种：乳头式、杯式、水槽式、吊塔式和真空式。雏鸡开始阶段和散养鸡多用真空式、吊塔式和水槽式饮水设备，散养鸡趋向使用乳头饮水器。乳头式饮水器不易传播疫病、耗水量少、可免除刷洗工作，提高工作效率，但制造精度要求较高，否则易漏水；杯式饮水器供水可靠，不易漏水，耗水量少，不易传播疾病，但是鸡在饮水时常将饲料残渣带进杯内，需经常清洗。

（二）环境控制设备

(1) 光照设备　目前照明设备除了光源以外，我国已经生产出鸡舍光控器，比较好的是电子显示光照控制器。它的特点是开关时间可任意设定，控时准确；光照强度可以调整，光照时间内若日光强度不足，会自动启动补充光照系统；灯光渐亮和渐暗；停电时程序不乱。

(2) 通风设备　通风设备的作用是将鸡舍内的污浊空气、湿气和多余的热量排出，同时补充新鲜空气。一般鸡舍采用大直径、低转速的轴流风机。目前，国产纵向通风的轴流风机的主要技术参数是：流量 31 400 m^3/h，风压 39.2Pa，叶片转速 352r/min，电机功率 0.75W，噪声≤74dB。

（3）湿帘—风机降温系统　湿帘—风机降温系统的主要作用是：夏季进入鸡舍的空气经过湿帘，由于湿帘的蒸发吸热，使进入鸡舍的空气温度下降。湿帘风机降温系统由低质波纹多向湿帘、轴流节能风机、水循环系统及控制装置组成。夏季空气经湿帘进入鸡舍，可降温 5～8℃。

（4）热风炉供暖系统　热风炉供暖系统主要由热风炉、轴流风机、有孔塑料管、调节风门等设备组成。热风炉供暖系统是以空气为介质，煤为燃料，为鸡舍提供无污染的洁净热空气。该设备结构简单、热效率高，送热快、成本低。

（5）育雏设备

①层叠式电热育雏器：在育雏阶段，雏鸡自身温度调节能力很弱，需一定的温度、湿度。目前国内普遍使用 9YCH 电热育雏器作为笼养育雏设备。

②电热育雏器：由加热育雏笼、保温育雏笼、雏鸡运动场三部分组成。每一部分都是独立的整体，可以根据房舍结构和需要进行组合。

③电热育雏笼：一般分四层，每层高度为 33cm，每笼面积为 140cm×70cm，层与层之间是 70cm×70cm 的水楼盘，全笼总高度 172cm，通常采用 1 组加热笼、1 组保温笼、4 组运动场的综合方式，外形总尺寸为高 172cm、长 434cm。

④电热育雏伞：网上或地面散养一般采用电热育雏伞，可提高雏鸡体质和成活率。伞面由隔热材料组成，表层为涂塑尼龙丝伞面，保温性能好，经久耐用。伞顶装有电子控温器，控温范围 0～50℃，伞内装有均入式远红外陶瓷加热器。同时设有照明灯和开关。外形尺寸有直径 1.5m、2.0m 和 2.5m 3 种规格，可分别育雏 300 只、400 只和 500 只。

第三节　畜禽养殖场环境控制

环境条件不仅影响肉牛的生长发育及增重，还会影响健康。

一、环境条件对畜禽的影响（以肉牛为例）

（一）温热环境

1. 温度

畜禽舍气温的高低直接或间接影响牛的生长和繁殖性能。牛的适宜温度为5～21℃。牛在高温环境下，特别是在高温高湿条件下，机体散热受阻，体内蓄热，导致体温升高，引起中枢神经系统功能紊乱而发生热应激，肉牛主要表现为体温升高、行动迟缓、呼吸困难、口舌干燥、食欲减退等症状，降低机体免疫力，影响牛的健康，最后导致热射病。

在低温环境下，对肉牛造成直接的影响就是容易出现感冒、气管和支气管炎、肺炎以及肾炎等症状，所以必须加以重视。初生牛犊由于体温调节能力尚未健全，更容易受低温的不良影响，必须加强牛犊的保温措施。

2. 湿度

畜禽舍要求的适宜相对湿度为55%～80%。湿度主要通过影响机体的体温调节而影响肉牛生产力和健康，常与温度、气流和辐射等因素综合作用对肉牛产生影响。舍内湿度不适时，可降低机体抵抗力，增加发病率，且发病后的过程较为沉重，死亡率也较高。如高温、高湿环境使牛体散热受阻，且促进病原性真菌、细菌和寄生虫的繁殖；而低温、高湿，牛易患各种感冒性疾病，如风湿、关节炎、肌肉炎、神经痛和消化道疾病等。当舍内温度适宜时，高湿有利于灰尘下沉，空气较为洁净，对防止和控制呼吸道感染有利。而空气过于干燥（相对湿度在40%以下），牛的皮肤和口、鼻、气管等黏膜发生干裂，会降低皮肤和黏膜对微生物的防卫能力，易引起呼吸道疾病。

3. 气流

任何季节畜禽舍都需要通风。一般来说，犊牛和成牛适宜的风速分别为0.1～0.4m/s和0.1～1m/s。舍内风速可随季节和天气情况进行适当调节，在寒冷冬季，气流速度应控制在0.1～0.2m/s，不超过0.25m/s；而在夏季，应尽量增大风速或用排风扇加强通风。夏季环境温度低于牛的皮温时，适当增加风速可以提高牛的舒适度，减少热应激；而环境温度高于牛的皮温时，增加风速反而不利。

（二）有害气体

舍内的有害气体不仅影响到牛的生长，对外界环境也造成不同程度的污染。对牛危害比较大的有害气体主要包括氨气、二氧化碳、硫化氢、甲烷、一氧化碳等。其中，氨气和二氧化碳是给牛健康造成危害较大的两种气体。

1. 氨气（NH_3）

畜禽舍内NH_3来自粪、尿、饲料和垫草等的分解，所以舍内含量的高低取决于牛的饲养密度、通风、粪污处理、舍内管理水平等。肉牛长期处于高浓度NH_3环境中，对传染病的抵抗力下降，当氨气吸入呼吸系统后，可引起上部呼吸道黏膜充血、支气管炎，严重者可引起肺水肿和肺出血等症状。国家行业标准规定，畜禽舍内NH_3含量不能超过20mg/m^3。

2. 二氧化碳（CO_2）

CO_2本身无毒，是无色、无臭、略带酸味的气体，它的危害主要是造成舍内缺氧，易引起慢性中毒。国家行业标准规定，畜禽舍内CO_2含量不能超过1 500mg/m^3。北方的冬季由于门窗紧闭，舍内通风不良，CO_2浓度可高达2 000mg/m^{3}以上，造成舍内严重缺氧。

3. 微粒

微粒对肉牛的最大危害是通过呼吸道造成的。畜禽舍中的微粒少部分来自外界的带入，大部分来自饲养过程。微粒的数量取决于粪便、垫料的种类和湿度、通风强度、畜禽舍内气流的强度和方向、肉牛的年龄、活动程度以及饲料湿度等。一般空气中尘埃含量为$10^3 \sim 10^6$粒/m^3，加料时可增加10倍。国家行业标准规定，畜禽舍内总悬浮颗粒物（TSP）不得超过4mg/m^3，可吸入颗粒物（PM）不得超过2mg/m^3。

4. 微生物

畜禽舍空气中的微生物含量主要取决于舍内空气中微粒的含量，大部分的病原微生物附着在微粒上。凡是使空气中微粒增加的因素，都会影响舍内空气中的微生物含量。据测定，畜禽舍在一般生产条件下，空气中细菌总数为121～2 530个/L，清扫地面后，可使细菌达到16 000个/L。另外，牛咳嗽或打喷嚏时喷出的大量飞沫液滴也是携带微生物的主要途径。

二、环境安全控制技术

适宜的环境条件可以使肉牛获得最大的经济效益，因此在实际生产中，不仅要借鉴国内外先进的科学技术，还应结合当地的社会、自然条件以及经济条件，因地制宜地制定合理的环境调控方案，改善畜禽舍小气候。

（一）防暑与降温

1. 屋顶隔热设计

屋顶的结构在整个畜禽舍设计中起着关键作用，直接影响舍内的小气候。

（1）选材　选择导热系数小的材料。

（2）确定合理的结构　在夏热冬暖的南方地区，可以在屋面最下层铺设导热系数小的材料，其上铺设蓄热系数较大的材料，再上铺设导热系数大的材料，这样可以延缓舍外热量向舍内的传递；当夜晚温度下降的时候，被蓄积的热量通过导热系数大的最上层材料迅速散失掉。而在夏热冬冷的北方地区，屋面最上层应该为导热系数小的材料。

（3）选择通风屋顶　通风屋顶通常指双层屋顶，间层的空气可以流动，主要靠风压和热压将上层传递的热量带走，起到一定的防暑效果。通风屋顶间层的高度一般平屋顶为20cm，坡屋顶为12～20cm。这种屋顶适于热带地区，寒冷地区或冬冷夏热地区，不适于选择通风屋顶，但可以采用双坡屋顶设天棚，两山墙上设通风口的形式，冬季可以将风口堵严。

（4）采用浅色、光平外表面　外围护结构外表面的颜色深浅和光平程度，决定其对太阳辐射热的吸收和发射能力。为了减少太阳辐射热向舍内的传递，畜禽舍屋顶可用石灰刷白，以增强屋面反射。

2. 加强舍内的通风设计

自然通风畜禽舍可以设天窗、地窗、通风屋脊、屋顶风管等设施，以增加进、排风口中心的垂直距离，从而增加通风量。天窗可在半钟楼式畜禽舍的一侧或钟楼式畜禽舍的两侧设置，或沿着屋脊通长或间断设置；地窗设在采光窗下面，应为保温窗，冬季可密闭保温；屋顶风管适用于冬冷夏热地区，炎热地区畜禽舍屋顶也可设计为通风屋脊形式，增强通风效果。

3. 遮阴与绿化

夏季可以通过遮阴和绿化措施来缓解舍内的高温。

（1）遮阴　建筑遮阴通常采用加长屋檐或遮阳板的形式。根据畜禽舍的朝向，可选用水平遮阴、垂直遮阴和综合遮阴。对于南向及接近南向的畜禽舍，可选择水平遮阴，遮挡来自窗口上方的阳光；西向、东向和接近这两个朝向的畜禽舍需采用垂直遮阴，用垂直挡板或竹帘、草苫等遮挡来自窗口两侧的阳光。此外，很多畜禽舍通过增加挑檐的宽度达到遮阴的目的，考虑到采光，挑檐宽度一般不超过80cm。

（2）绿化　绿化既起到美化环境、降低粉尘、减少有害气体和噪声等作用，又可起到遮阴作用。应经常在畜禽养殖场空地、道路两旁、运动场周围等种草种树。一般情况下，场院墙周边、场区隔离地带种植乔木和灌木的混合林带；道路两旁既可选用高大树木，又可选用攀缘植物，但考虑遮阴的同时一定要注意通风和采光；运动场绿化一般是在南侧和西侧，选择冬季落叶、夏季枝叶繁茂的高大乔木。

4. 搭建凉棚

建有运动场的畜禽养殖场，运动场内要搭建凉棚。凉棚长轴东西向配置，以防阳光直射凉棚下地面，东西两端应各长出3~4m，南北两端应各宽出1~1.5m。凉棚内地面要平坦，混凝土较好。凉棚高度一般3~4m，可根据当地气候适当调整棚高，潮湿多雨地区应该适当降低，干燥地区可适当增加高度。凉棚形式可采用单坡或双坡，单坡的跨度小，南低北高，顶部刷白色，底部刷黑色较为合理。

凉棚应与畜禽舍保持一定距离，避免有部分阴影会射到畜禽舍外墙上，造成无效阴影。同时，如果畜禽舍与凉棚距离太近，影响畜禽舍的通风。

5. 降温措施

夏季畜禽舍的门窗打开，以期达到通风降温的目的。但高温环境中仅靠自然通风是不够的，应适当辅助机械通风。吊扇因为价格便宜是目前畜禽养殖场常用的降温设备，一般安装在畜禽舍屋顶或侧壁上，有些畜禽舍也会选择安装轴流式排风扇，采用屋顶排风或两侧壁排风的方式。在实际生产中，风扇经常与喷淋或喷雾相结合使用效果更好。安装喷头时，舍内每隔6m装1个，每个喷头的有效水量为1.2~1.4L/min时，效果较好。

冷风机是一种喷雾和冷风相结合的降温设备，降温效果很好。由于冷风机价格相对较高，肉畜禽舍使用不多，但由于冷风机降温效果很好，而且水中可以加入一定的消毒药，降温的同时也可以达到消毒的效果，在大型肉畜禽舍值得推广。

（二）防寒与保暖

1. 合理的外围护结构保温设计

畜禽舍的保温设计应根据不同地方的气候条件和牛的不同生长阶段来确定。目前，冬季北方地区畜禽舍的墙壁结冰、屋顶结露的现象非常严重，主要原因在于为了节省成本，屋顶和墙壁的结构不合理。选择屋顶和墙壁的构造时，应尽量选择导热系数小的材料，如可以用空心砖代替普通红砖，热阻值可提高41%，而用加气混凝土砖代替普通红砖，热阻值可增加6倍。近几年来，国内研制了一些新型经济的保温材料，如全塑复合板、夹层保温复合板等，除了具保温性能外，还有一定的防腐、防潮、防虫等功能。

在外围护结构中，屋顶失热较多，所以加强屋顶的保温设计很重要。天棚可以使屋顶与舍空间形成相对静止的空气缓冲层，加强舍内的保温。如果在天棚中添加一些保温材料，如锯末、玻璃棉、膨胀珍珠岩、矿棉、聚乙烯泡沫等可以提高屋顶热阻值。

地面的保温设计直接影响牛的体温调节，可以在牛床上加设橡胶垫、木板或塑料等，牛卧在上面比较舒服。也可以在畜禽舍内铺设垫草，尤其是小群饲养，定期清除，可以改善畜禽舍小气候。

2. 畜禽舍建筑形式和朝向

畜禽舍的建筑形式主要考虑当地气候，尤其是冬季的寒冷程度、饲养规模和饲养工艺。炎热地方可以采用开放舍或半开放舍，寒冷地区宜采用有窗密闭舍，冬冷夏热的地区可以采用半开放舍，冬季畜禽舍半开的部分覆膜保温。

畜禽舍朝向设计时主要考虑采光和通风。北方畜禽舍一般坐北朝南，因为北方冬季多偏西风或偏北风，另外，北面或西面尽量不设门，必须设门时应加门斗，防止冷风侵袭。

第四节　畜禽养殖场的防疫及消毒

一、疫点的划分原则及消毒措施

疫点：即患病动物所在地点，一般是指患病动物所在的圈舍、饲养场、村屯、牧场或仓库、加工厂、屠宰厂（场）、肉类联合加工厂、交易市场等场所，以及车、船、飞机等。如果为农村散养户，应将患病动物所在自然村划为疫点。

疫区：是指以疫点为中心一定范围的地区。

受威胁区：是指自疫区边界外延一定范围的地带。

疫点、疫区、受威胁区的范围，由畜牧兽医主管部门根据规定和扑灭疫情的实际需要划定，其他任何单位和个人均无此权力。

（一）对疫点应采取的措施

①扑杀并销毁动物和易感染的动物产品。

②对病死的动物、动物排泄物，被污染饲料、垫料、污水进行无害化处理。

③对被污染的物品、用具、动物圈舍、场地进行严格消毒。

（二）对疫区应采取的措施

①在疫区周围设置警告标志，在出入疫区的交通路口设置临时动物检疫消毒站，对出入的人员和车辆进行消毒。

②扑杀并销毁染病和疑似染病动物及其同群动物，销毁染病和疑似染病的动物产品，对其他易感染的动物实行圈养或者在指定地点放养，役用动物限制在疫区内使役。

③对易感染的动物进行监测，并按照国务院兽医主管部门的规定实施紧急免疫接种，必要时对易受感染的动物进行扑杀。

④关闭动物及动物产品交易市场，禁止动物进出疫区和动物产品运出疫区。

⑤对动物圈舍、动物排泄物、垫料、污水和其他可能受污染的物品、场地，进行消毒或者无害化处理。

（三）对受威胁区应采取的措施

①对易感染的动物进行监测。

②对易感染的动物根据需要实施紧急接种。

二、终末消毒

终末消毒，即传染源离开疫源地后进行的彻底消毒。发生传染病后，待全部患病动物处理完毕，即当全部患病动物痊愈或最后一只患病动物死亡后，经过2周再没有新的病发生，在疫区解除封锁之前，为了消灭疫区内可能残留的病原体所进行的全面彻底的大消毒。

通过物理或化学方法消灭停留在不同的传播媒介物上的病原体，借以切断传播途径，阻止和控制传染的发生。其目的如下。

①防止病原体播散到社会中，引起流行发生。

②防止病畜再被其他病原体感染，出现并发症，发生交叉感染。

③同时也保护防疫人员免受感染。

三、新型消毒药品的作用机理和使用注意事项

（一）作用机理

新型消毒药种类多，作用机理各不相同，归纳起来有以下3种。

①使菌体蛋白质变性、凝固，发挥抗菌作用。例如酚类、醇类、醛类消毒剂。

②改变菌体浆膜通透性，有些药物能降低病原微生物的表面张力，增加菌体浆膜的通透性，引起重要的酶和营养物质漏失，使水向内渗入，使菌体溶解或崩解，从而发挥抗菌作用。例如，表面活性剂等。

③干扰病原微生物体内重要酶系统，抑制酶的活性，从而发挥抗菌作用。例如重金属盐类、氧化剂和卤素类。

（二）注意事项

①疫点的消毒要全面、彻底，不要遗漏任何一个地方、一个角落。

②根据病原微生物的抵抗力和消毒对象的性质和特点不同，选用不同消毒剂和消毒方法，如对饲槽、饮水器消毒应选择对动物无毒、刺激性小的消毒剂；对地面、道路消毒可选择消毒效果好的氢氧化钠消毒，可不考虑刺激性、腐蚀性等因素；对小型用具可采取浸泡消毒；对耐烧的设备可采取火焰灼烧等。

③要运用多种消毒方法，如清扫、冲洗、洗刷、喷洒消毒剂、熏蒸等进行消毒，确保消毒效果。

④喷洒消毒剂和熏蒸消毒，一定要在清扫、冲洗、洗刷的基础上进行。

⑤消毒时应注意人员防护。

⑥消毒后要进行消毒效果监测，了解消毒效果。

模块二　畜禽养殖饲料配制

第一节　青绿饲料利用

一切天然牧草、人工栽培牧草、青刈饲料作物或各种绿色植物（包括青绿多汁饲料、野生青草、树叶和水生饲料）等均属于青绿饲料。青绿饲料量大、面广，能够较好地被畜禽所利用。

一、牧草

养殖畜禽在利用天然牧草或人工栽培牧草时，应注意把握以下几点。

（1）适时利用　一般天然牧草或人工栽培牧草在抽穗开花前利用比较合适。因此时牧草正处于生长旺盛期，幼嫩多汁，蛋白质含量高，按干物质计算可达到15%以上；牧草质嫩柔软，含粗纤维和木质素比较少，容易消化；牧草中含有多种维生素及磷和钙，产草量也高，如在牧草的幼龄期利用，虽然牧草的品质好，但牧草不仅产量低，而且也不利于牧草的再生。如牧草过老时利用，虽然牧草的产量高，但蛋白质的品质差，维生素含量低，特别是天然牧草，如过老时利用则木质化程度高，消化率下降。因此，对于天然牧草或人工栽培牧草，无论是放牧或青刈利用，均应做到适时。

（2）合理放牧　过度放牧是牧草退化的一个重要原因。畜禽放牧啃食牧草对牧草的影响大小，因牧草的种类而异，豆科牧草和高大禾本科牧草不同于较矮、分蘖较多的牧草，这类牧草不适合于畜禽的放牧啃食，如放牧啃食，因其牧草植物的叶面积减少，再生能力和在根部贮存养分的能力均下降，使之产草量也随之而减少，加之畜禽放牧践踏导致部分植株死亡，使牧草的覆盖层变薄，在降雨量较少的干旱地区（或干旱季节），对牧草的生长危害则更为严重。而轻牧、放牧过少对部分牧草也不利，如在种植良好的早熟禾本科的草场，畜禽放牧啃食严重的放牧区域产草量反而比放牧过轻的区域高，在牧草种植的第3年年末就会发现，畜禽放牧啃食较重的放牧区域与放牧啃食较轻的放牧区域比，其牧草的长势要好得多，杂草也较少，未经放牧啃食的牧草结穗多，适口性降低。因此，对于早熟的禾本科牧草，应适当地让羊群放牧啃食，以免其结穗。对于这类早熟的禾本科牧草，一般在春天当牧草长到10cm以上后，再让羊群放牧啃食，而在霜冻到来之前应停止放牧，以利于草场的改良。为了合理地利用草场，对牧场应实行划区域轮牧。

（3）适宜的喂量　青绿饲料幼嫩多汁，粗纤维含量低，适口性好，畜禽很喜欢采食，对于一般羊群来讲，可让其大量地采食，但在夏秋季节，牧草正处于生长旺盛期，产草量大，但对于育肥后期的羊群、怀孕后期的羊群和处于配种期的种公羊，如大量地饲喂青绿饲料反而不利，对这类羊群应适当地控制青绿饲料的采食量，这是因为青绿饲料的水分含量高，其体积相对较大，如育肥后期的羊群、怀孕后期的羊群和处于配种期的种公羊采食青绿饲料过多，虽然有饱腹感，但干物质及其他养分的摄入量不足，对畜禽的育肥、怀孕母羊和胎儿的生长发育以及种公羊的配种均不利。因此，青绿饲料对畜禽的喂量应适宜。

（4）防止中毒　春季牧草萌发，较幼嫩，如羊采食过量则易引起瘤胃胀气或中毒，因此，春季在羊群出牧前应先给羊喂以半饱的干草，经过15～20d的过渡，待羊的胃肠功能适应了青草的消化特点后再转入全天放牧，全天放牧时也应在出牧前适当补料。一般对羊的饲喂顺序是：先饮水，然后喂草，待羊吃到五六成饱后，喂给混合精饲料，然后给羊喂饮淡盐水，待羊休息15～20min后出牧。这样既能防止羊群“跑青”掉膘，又能防止羊群采食过量嫩草而引起瘤胃胀气或中毒。对于农区利用田间杂草养羊，如稍有不慎，就会将受农药污染的田间杂草割回，羊采食后，会引起羊农药中毒。因此，农区养羊防止农药中毒是畜禽生产中一个特别需要注意的问题。

二、青刈饲草

青刈饲草直接喂畜禽，是舍饲养羊和半舍饲养羊的好办法。利用青刈饲草养羊，在很大程度上避免了羊群放牧践踏牧草而造成的牧场损失。但是，养殖场（户）对羊群饲喂青刈饲草，劳动力和设备费用较高，加之利用的时间有限，因而在畜禽养殖生产中，常采用青刈饲草和青贮饲草相结合的饲喂方法，既可有效地降低劳动力和设备费用，又可有效地保持青绿饲料的营养特点。

三、其他饲草

青绿饲料除牧草和青刈饲草外，还有青绿树叶、菜叶等，均是畜禽喜食的青绿饲料。特别是刺槐树叶，蛋白质含量非常丰富，有条件的养殖场（户）应充分挖掘这一宝贵的蛋白质饲料资源。近年来，在我国的西南地区，大量地栽植刺槐放牧灌木丛林，即将栽植的刺槐树长到1.5m左右时，将其主干锯断，促使其形成灌木丛林。由于刺槐树根系发达，固沙性能好，不仅对防止土壤沙化有着重要的作用，而且也是畜禽优质的放牧林地。养殖场（户）可结合当地的实际情况，大量地种植刺槐林、狼牙刺灌木林是目前国内外林牧结合的好形式。

第二节　青贮饲料调制与利用

青贮饲料是指将新鲜的青刈饲料、饲草、野草等，进行适当地风干后，切短装入青贮塔、窖或塑料袋内，使其隔绝空气，经过乳酸菌的发酵，制成一种营养丰富的多汁饲料。经过发酵好的青贮饲料，基本上保持了青绿饲料的原有特点，有青草“罐头”之美称。因而，在畜禽的养殖生产上应大力提倡推广。

一、青贮饲料的调制方法

（一）青贮设施的清理

青贮设施在使用之前，应进行彻底的清理并晒干。

（二）青贮原料的选择

常见的青贮原料主要有玉米全株青贮（或甜高粱青贮）、玉米秸秆青贮、牧草青贮、混合饲草青贮和半干草青贮等。饲草适时收割是保证青贮原料质量最主要的因素之一，因此，选择饲草的适时收割时间，不仅要考虑饲草单位面积营养物质收获量的多少，而且要考虑饲草中的糖分和水分是否适宜于青贮。一般玉米全株青贮应在蜡熟期收割，禾本科牧草应在抽穗期收割，豆科牧草应在开花初期收割。其收割好的原料应及时运送到青贮现场予以青贮。

（三）青贮原料的切短

青贮原料在青贮前均应切短，一般畜禽用青贮原料应切短为3～5cm，以利于青贮时的压实和青贮后畜禽的采食利用。

（四）调整青贮原料的含水量

一般测定青贮原料水分含量的简易方法是用手捏青贮原料，以指间水湿不滴水为宜。若青贮原料含水量过高，可适当地晾晒；若青贮原料含水量过低，可适当地加水后青贮。

（五）装窖

装窖前，应先在窖底铺垫10cm左右厚的麦秸（如为土窖应铺垫塑料薄膜），原料在装窖时，应边装窖边压实，一般每装10～20cm压实一次，在压实时，特别要注意压实窖的边缘和四周。如较大的青贮窖还可使用机械（如拖拉机）碾压。装窖时要保持青贮原料清洁，防止混进泥沙。

（六）封窖

当青贮原料装填到高出窖面1m左右后，可在上面盖上塑料薄膜或15～30cm厚的麦秸，压紧，然后在上面压一层厚30cm左右的湿土。经过发酵，当青贮原料下沉后，应随时用湿土填平。为了防止雨水浸入，青贮窖的周围应挖好排水沟。

二、青贮饲料的有效利用

（一）开窖使用时间不宜过早

青贮饲料应青贮40～60d后，待饲料发酵成熟、产生足够的乳酸，且具备抗有害细菌和霉菌的能力后，才能开启利用。

（二）开窖应分段取用

开窖时，应从一端开始，首先揭去上面覆盖的土、草、塑料薄膜和霉变的饲料层，再由上而下垂直取用。每次取用后，应及时用塑料薄膜覆盖取用的部位。

（三）畜禽初期饲喂青贮饲料不宜过多

用青贮饲料饲喂畜禽，初期可混拌于其他饲料中一起饲喂，经过一段时间的饲喂后再逐渐增加其饲喂量，一般成年羊的日饲喂量为1～2kg，并应分次饲喂。由于青贮饲料中含有大量的有机酸，具有轻泻的作用，因此，患有肠炎、腹泻的羊和怀孕后期的母羊应少喂或停喂，尤其是产前半个月内的怀孕母羊更应停喂。畜禽在饲喂青贮饲料时，最好在饲喂畜禽的精饲料中添加1%～2%碳酸氢钠，以防止羊发生酸中毒。羔羊因瘤胃功能不健全，应少喂或慎喂。如果青贮饲料中酸度过大，可用5%～10%的石灰乳加以中和。

（四）严禁给畜禽饲喂霉变青贮饲料

如果畜禽在饲喂青贮饲料后出现腹泻现象，应立即停喂青贮饲料并查找原因，如果发现青贮饲料发生霉变，应坚决弃之不用。

（五）严防青贮饲料二次发酵

青贮饲料二次发酵又称为好氧性腐败。一般是在温暖季节开启青贮窖后，由于空气随之进入，好氧性微生物开始大量繁殖，青贮饲料中养分遭到大量损失而出现好氧性腐败，产生大量的热。为了避免青贮饲料发生二次发酵，应采取以下技术措施。

（1）适时收割青贮原料　用作青贮饲料的原料最好在降霜前收割，收割后立即下窖贮存，如果原料在降霜后青贮，则乳酸菌的发酵就会受到抑制，即会导致青贮饲料中的总酸量减少，青贮饲料开窖后就易发生二次发酵。

（2）计算好青贮饲料的日需要量　养殖场（户）应针对畜禽的饲养数量，计算好青贮饲料的日需要量，并合理地安排其青贮饲料的日取出量。同时，在建青贮设施时，可用塑料薄膜将青贮窖分隔成若干个小区，并实行分区取料，以避免其他小区的青贮饲料发生二次发酵。

第三节　籽实饲料

凡每千克饲料的干物质中含消化能 10.46MJ 以上，或蛋白质含量低于20%、粗纤维含量低于18%的饲料均属于此类饲料。主要包括谷物籽实类饲料和糠麸类饲料。能量饲料具有容易消化吸收、适口性好、粗纤维含量低且能量含量高、蛋白质含量适中、易于保存等特点，是畜禽热能的主要来源之一。能量饲料一般在畜禽精饲料中占60%～80%，而在夏秋季节饲喂畜禽时，其能量饲料的配合比例可以适当地低一些，在冬春季节饲喂畜禽时，则配合比例可以适当地高一些。

一、谷物籽实类饲料

（一）玉米

玉米是禾本科谷物籽实类饲料中淀粉含量最高的饲料，其70%左右为无氮浸出物，几乎全是淀粉，粗纤维含量极低。用玉米饲喂畜禽容易消化，其有机物的消化率达到90%左右。但玉米的缺点是蛋白质含量低，而且主要由生物学价值较低的玉米蛋白和谷蛋白组成，其胡萝卜素含量较低。所以，用玉米饲喂畜禽时，最好应搭配豆饼等其他蛋白质含量较高的饲料，并适当地补充钙质。如给畜禽过量地饲喂玉米，则可能引起羊瘤胃酸中毒。

（二）大麦

大麦是重要的谷物籽实类饲料之一，全世界的总产量仅次于小麦、大米和玉米，而居于谷物籽实类饲料的第四位。大麦粒（脱壳）含水分11%、粗蛋白11%、粗脂肪12%、粗纤维6%、粗灰分3%。大麦中的蛋白质含量高于玉米，且大部分氨基酸（除蛋氨酸、甲硫氨酸外）均高于玉米，但利用率比玉米低。由于大麦的外皮中含有一定量的单宁，因此具有酸涩味。大麦中的热能含量不及玉米，而且非淀粉多聚糖（NSP）总量达16.7%左右（其中水溶性多聚糖为4.5%左右），由于水溶性多聚糖具有黏性，可减缓羊消化道中消化酶及其底物的扩散速度，并阻止其相互作用，降低底物的消化率，同时也阻碍可消化养分接近小肠黏膜表面，影响其吸收。因此，大麦用作畜禽的饲料时，以不超过日粮总量的20%为宜，而且应与其他谷物籽实类饲料合理搭配使用。

（三）小麦

小麦的营养价值与玉米相似，全粒中粗蛋白含量为14%左右，最高可达到16%，粗纤维含量为1.9%，无氮浸出物含量为67.6%。小麦中虽然也含有11.4%的多聚糖，水溶性多聚糖为2.4%，但其黏度低于大麦。因此压扁的小麦可代替畜禽精饲料中50%以上的玉米。

（四）高粱

高粱亦属于禾本科类植物籽实，高粱和玉米间有很高的替代性，高粱籽实所含养分以淀粉为主，占65.9%～77.4%，粗蛋白含量8.4%～14.5%，略高于玉米，粗脂肪含量较低，为2.4%～5.5%。与谷物籽实类饲料相比较，高粱的营养价值较低，其主要表现在蛋白质含量较低，赖氨酸含量一般只有2.18%左右。高粱因含有带苦味的单宁，使得蛋白质及其氨基酸的利用率受到了一定的影响，但不同高粱品种的单宁含量有明显的差异，一般白色杂交高粱的颖壳和籽实易于分离，单宁含量较低，其质量明显优于褐色高粱。褐色高粱的单宁含量高达1.34%左右，是白色杂交高粱的23倍左右，而且颖壳和籽实包得很紧，味苦，适口性差，饲喂畜禽后容易引起便秘，因此，褐色高粱很少用于饲喂畜禽。

（五）燕麦

燕麦的营养价值低于玉米，虽然燕麦中的蛋白质含量较高（9%～11%），且富含B族维生素，但其燕麦中的粗纤维含量高达13%左右，能量含量较低，脂溶性维生素和矿物质含量也较少。因此，燕麦用作畜禽的饲料时，则以不超过日粮总量的20%为宜，而且应与其他谷物籽实类饲料合理搭配使用。

二、糠麸类饲料

（一）麸皮

麸皮通常是指小麦麸。小麦麸的营养价值是随小麦出粉率的高低而变化的，平均含粗蛋白15.7%、粗纤维8.9%、粗脂肪3.9%、总磷0.92%。麸皮质地疏松，容积大，具有轻泻作用，是母羊产前和产后的优良饲料。

（二）米糠

米糠通常是指大米糠。米糠中粗蛋白含量为12.8%、粗脂肪16.5%、粗纤维5.7%，是一种蛋白质含量较高的能量饲料。但米糠中蛋白质品质较差，除赖氨酸外，其他必需氨基酸含量均较低。米糠中磷多钙少，且其植酸态磷占其总磷的80%以上，米糠中不饱和脂肪酸含量较高，易于氧化变质，不易于长期贮存。

（三）玉米糠

玉米糠通常是指玉米皮，是玉米制粉过程中的副产品，主要包括玉米的外皮、胚、种脐和少量的胚乳。玉米糠中的粗蛋白含量为9.9%、粗纤维9.5%，磷多（0.48%）钙少（0.08%）。玉米糠质地蓬松，吸水性强，如畜禽干喂后饮水不足，则容易引起羊便秘，因此，用玉米糠饲喂畜禽时应加水湿拌。一般畜禽配合饲料中的推荐用量以10%～15%为宜。

模块三　猪的规模养殖

第一节　猪的品种

一、我国地方优良猪种

我国猪种繁多、类型复杂，已列入品种志的有50余个。地方良种猪分为6个类型（华北、华南、华中、江海、西南、高原）。地方猪的变化规律是："北大南小""北黑南花"。

（一）淮南猪

淮南猪（图3-1）分布在淮河流域的猪种之一，中心产区在河南省固始县。淮南猪背毛黑色，属于脂用型。其主要特点是性成熟早，繁殖力强。

图3-1　淮南猪

（二）南阳黑猪

南阳黑猪（图3-2）体形中等，头短面凹，下颌宽，形似木碗（"木碗头"）；额部有菱形皱纹，称"八眉"猪，属兼用型猪。

图 3－2　南阳黑猪

（三）太湖猪

太湖猪（图 3－3）是长江下游太湖流域的沿江沿海地区的梅山猪、枫泾猪、嘉兴黑猪、焦溪猪、礼土桥猪、沙河头猪等

图 3－3　太湖猪

的统称。该猪被毛黑色或青灰色，个别猪吻部、腹下或四肢下部有白色。体形稍大（成年公猪 200kg，母猪 170kg），头大额宽，额部和后躯有明显皱褶。耳特大下垂，近似三角形。四肢粗壮，卧系。凹背斜臂。太湖猪以产仔多和肉质好著称于世。

据测定，其头胎平均产仔 15.56 头，泌乳量高，性情温驯，哺育能力强，仔猪成活率达 85% ~90%，最高每窝产仔 36 头，屠宰率 65% ~70%，瘦肉率 45.08%。

（四）大花白猪

大花白猪（图 3 –4）产于广东顺德、南海、番禺、增城、高要等地。该猪毛色为黑白花，头部、臀部及背部有 2 ~3 块大小不等的黑斑，其余部分均为白色。体格中等，头大小适中，额宽，有“八”字或菱形皱褶。四肢粗短，多卧系。乳头多为 7 对。母猪繁殖率高，每胎平均产仔 13.2 头。饲料利用率较高，早熟易肥，皮薄肉嫩，幼小时就开始积累脂肪。体重 6 ~9kg 的乳猪及 30 ~40kg 的中猪可屠宰供烤猪用，皮脆肉嫩，清香味美。

图 3 –4　大花白猪

（五）金华猪

金华猪（图 3 –5）原产于浙江省义乌、东阳和金华等地。其毛色特征是体躯为白色，头颈和臀部为黑色，故此得名“两头乌”。突出特点是皮薄骨细，肉质好，该猪繁殖为较强，母性好，金华猪早熟易肥，屠宰率 72% 以上，瘦肉率 43.36%。

（六）内江猪

内江猪（图 3 –6）原产四川省内江、资中等地。较耐粗放

图 3－5　金华猪

饲养，适应性强。10 月龄肥育体重 90kg，屠宰率 67% ～70%。内江猪与其他品种猪杂交效果好。

图 3－6　内江猪

二、国外引进瘦肉型品种

19 世纪以来，我国引入国外猪种有十多个，对我国猪种改良杂交影响较大的有巴克夏猪、约克夏猪、苏联大白猪、波中猪、长白猪、杜洛克猪和汉普夏猪等。它们的优点是体质结实，结构匀称，体躯较长，背腰平直，肌肉发达，四肢端正健壮，腱臂丰满，皮薄毛稀；缺点是对饲养条件要求较高，不耐粗饲，有的繁殖率低。现简单介绍以下几个品种。

（一）长白猪

长白猪（图 3－7）原名兰德瑞斯猪，产于丹麦，是世界著名的大型瘦肉型品种。公猪体重 250～300kg，母猪 230～300kg。我国自 1964 年起引进，主要投入在浙江、江苏、河北等省繁育。长白猪全身被毛白色，比一般猪多 1～2 对肋骨。该猪繁殖力强，每窝平均产仔 11.8 头。长白猪以育肥性能突出而著称于世：屠宰率 72%～73%，瘦肉率 55% 以上。遗传性能稳定，作父本杂交效果明显。

图 3－7　长白猪

（二）约克夏猪

约克夏猪（图 3－8）原产英国，属大型瘦肉型品种，成年

图 3－8　约克夏猪

猪体重250～330kg。大约克夏猪体质和适应性优于长白猪。杂交利用作父本、母本均可，杂交作父本时，杂交后代猪的增重速度和胴体瘦肉率提高效果显著。

（三）杜洛克猪

杜洛克猪（图3－9）产于美国。大型瘦肉型品种，成年猪体重300～480kg。其明显特征为全身具有浓淡不一的棕红毛色。体躯高大，粗壮结实，杂交作终端父本，效果显著。

图3－9 杜洛克猪

（四）汉普夏猪

汉普夏猪（图3－10）原产于美国。属瘦肉型品种，成年猪

图3－10 汉普夏猪

体重250～410kg。突出的特点是：全身被毛除有一条白带围绕肩和前肢外，其余部分为黑色。其突出的优点是胴体品质好，是较理想的杂交终端父本。杂交后代猪瘦肉率明显增多和增重速度加快。

（五）皮特兰猪

皮特兰猪（图3－11）原产比利时。突出特征是毛色灰白而夹有黑色斑点，有的杂有部分红色，耳前倾。突出优点是后腿和腰特别丰满，瘦肉率高。缺点是应激反应强，100% PSE（灰白水样）肉，生长速度较慢。

图3－11　皮特兰猪

第二节　猪的繁殖

配种繁殖是养猪生产的关键环节。种猪是养猪生产中特殊的生产资料，如何发挥种猪的生产效率，提高种公猪的利用率和母猪的繁殖力，即提高其单位时间内生产猪的数量和质量，是猪繁殖技术所要解决的核心问题。

一、种猪配种年龄和配种方式的确定

（一）性成熟

种猪的性成熟早晚与品种及营养状况关系密切。瘦肉型公

猪一般6～7月龄体重达65～75kg时性成熟，瘦肉型母猪5～6月龄开始发情排卵，而地方品种猪的性成熟比瘦肉型猪品种要早。公母猪达到性成熟时，生殖器官开始具有正常的生殖机能，但并不能正式配种利用，因为此时公母猪身体仍处于生长发育时期，过早配种不但会影响其自身的生长发育，而且还会缩短种猪的利用年限，降低繁殖率。

（二）初配适龄

确定种猪适宜的配种年龄，要因品种和营养状况而异。一般情况下，瘦肉型品种8～12月龄体重达到100kg以上时就可以开始配种利用，地方品种猪6月龄体重达85kg以上时可以开始配种利用。

（三）配种方式

猪的配种方式有单配、重复配种、双重配种和多次配种。单配是指母猪发情后的一个情期只用一头公猪配种一次；重复配种即在母猪发情期内，用一头公猪交配两次，第一次交配在母猪发情第二天或第三天进行，第二次交配在相隔8～12h后进行；双重配种就是在母猪发情后18～24h内用两头不同品种的公猪配种，两次间隔10～15min；多次配种是在母猪发情后用一头或多头公猪配种两次以上。从配种效果好坏和配种组织管理难易角度来讲，重复配种较好。

配种方式还可分为本交和人工授精两种。目前，国内大中型商品猪场采用本交的为数较多，管理和技术水平高的猪场则实行本交和人工授精结合的方式，即第一次本交，第二次用人工授精补配。从发展的角度来看，为进一步提高优质种公猪的使用效率，降低饲养种公猪的成本，我国工厂化养猪应大力推广人工授精技术。

二、种公猪的合理利用技术

工厂化养猪场采用全年均衡生产、“全进全出”制，常年都有配种任务，配种工作十分繁重。如何正确合理利用种公猪是提高母猪受胎率和产仔数，保证猪场均衡、高效生产的重要措施之一。

（一）种公猪的利用频率

因年龄、体重而定。一般1岁青年公猪，因其本身还在生长发育，每周可配种1～2次；2～5岁壮年公猪，其生长发育已成熟、生殖机能旺盛，每天可配种1～2次，每3天应休息1天；5岁以上公猪，可每隔2～3天配种1次。

（二）适宜的公、母猪比例

保持适宜的公、母猪比例就是要既能保证良好的受胎效果，又能最大限度地利用种公猪资源，减少隐形浪费。公母猪比例与猪群大小和周转模式有关，猪群小时，公猪应适当多一些，反之少一些。由于工厂化养猪都是分批同期配种，养公猪的数量应保证每批母猪都可适时配种。一般来说，公、母猪比例可保持在1∶20左右，若采用人工授精技术可提高到1∶60，节省60%以上的公猪。以一个万头商品猪场为例，基础母猪600头，饲养公猪的数量可从30头减少到10头，每年至少可以节约公猪饲养成本3万元以上。

（三）合理的利用年限

一般种公猪利用年限为6～7年，工厂化养猪则最好使用3～4年就淘汰。种公猪性欲下降、精子活力降低或配种受胎率低于80%者，应及时淘汰。

（四）定期检查精液品质

公猪正常精液标准是每次采精液量200～400ml，精液乳白色无异臭，精子密度中等以上，精子活力6级以上。猪场可通过定期检查精液品质，及时发现问题，采取相应措施。

三、种母猪高效繁殖综合技术

（一）影响母猪繁殖力的因素

猪的繁殖力是养猪生产中的一项重要经济指标。影响母猪繁殖力的因素很多，综合起来主要有两大因素，一是繁殖周期（决定年产窝数或称分娩指数），二是断奶育成数。这两大因素又由许多子因素所决定。

在影响母猪繁殖力的诸多因素中，有些因素是不受管理条件影响的，如分娩间隔中的妊娠期；有些是直接受饲养管理水平高低影响的，如哺乳期。这些因素正是通过提高饲养管理水平进而提高母猪繁殖力的关键所在。

（二）母猪发情鉴定技术

掌握母猪发情规律，做到适时配种，从而提高母猪受胎率，是该技术的根本目的。

母猪的发情周期是指从上次发情排卵到本次发情排卵这段时期，平均21d，范围是18～24d。母猪发情持续期3～5d，分为发情前期、中期和后期。发情前期母猪表现为外阴部肿胀，精神不安，食欲减退，追赶其他母猪或公猪，但拒绝交配。发情中期表现为外阴部潮红、有皱纹，鸣叫不安，拱门爬圈，食欲减退，母猪发呆，两耳直立战抖，用手压背站立不动，接受公猪交配。此期为最佳配种期。发情后期表现为外阴部开始收缩、皱纹明显、颜色变淡，食欲恢复正常，精神安定，用手压背立即走开，拒绝交配。

经验证明，母猪最适宜的配种时间是发情开始第二天（经产母猪）或第三大（后备母猪），此时，要求每天8时、14时分别观察发情状况，当母猪外阴部红肿稍退并出现少量皱纹，用手压背站立不动时，进行第一次配种，过8～12h进行第二次配种，这样配种受胎率最高。有些母猪发情症状不明显，实际生产中也常采用公猪试情的办法来鉴定发情和适时配种。

（三）母猪的催情技术

为使母猪达到多胎高产，或促使不发情和屡配不孕的母猪正常发情排卵，在调整或加强饲养管理的基础上，可采用人工催情措施。

（1）诱导发情　将试情公猪赶入母猪圈与不发情母猪接触，每天接触10～20min，连续数天，促使母猪在异性刺激下达到正常发情。采取此项措施时，切忌把母猪赶入公猪栏，否则可能引起公猪自淫，影响以后配种质量，降低公猪使用年限。

（2）注射激素　对长期不发情的母猪颈部肌内注射孕马血清和人绒毛膜促性腺激素，促进发情排卵。

（3）按摩乳房　对不发情母猪每天早晨按摩其乳房表层皮肤或组织 10min，连续 3～10d，可引起部分母猪发情。

（4）缩短哺乳期，加强营养　哺乳时间过长，断奶后母猪消瘦，会导致母猪发情不规律或者不发情，可采取增加营养的办法，促进母猪发情。建议母猪哺乳期不要超过 35d，以免引起母猪过瘦，影响下次受孕。

（四）早期妊娠诊断技术

早期妊娠诊断的目的是早期发现母猪是否怀孕，以便采取补配措施，避免母猪空怀造成损失。早期妊娠诊断应在配种后 20d 内进行。

（1）发情周期判断法　母猪发情周期为 21d 左右，注意观察是否再发情，可做出初步判断。

（2）外部形态观察法　母猪配种后 20d 内表现疲倦、贪睡、食量增加、性情温驯、行动稳重，即可初步断定已怀孕。

（3）超声波妊娠诊断法　把诊断仪的探触器贴于猪肋部体表，根据荧光屏上出现的光束和音响判断是否怀孕。

（五）妊娠母猪胚胎死亡的原因

胚胎死亡的原因主要有以下几方面。

①营养不良：母猪严重缺乏蛋白质、维生素（维生素 A、维生素 E、B 族维生素）、矿物质（钙、磷、铁、硒、碘），易引起死胎，饲喂碳水化合物含量较高的精饲料过多时，也会造成胚胎死亡。

②排卵数与子宫容积的矛盾：排卵数多，胚胎数亦多，而子宫管数并无明显增加，则营养供给不足，造成胚胎死亡。

③内分泌不足：妊娠期孕酮分泌不足，造成胚胎死亡。

④子宫疾病：如感染布氏杆菌、大肠杆菌、溶血性葡萄球菌、巴氏杆菌等，感染途径是公猪的阴茎、包皮。

⑤患高热病：如猪瘟、猪丹毒、乙型脑炎、流感等引起的高热，体温达41℃。

⑥饲料中毒或农药中毒。

⑦高度近亲繁殖，使生活力降低。

⑧配种不适时：过早过晚配种，使未成熟或衰老卵子发生多精子入卵。预防的办法是重复配种和混合精液输精。

⑨高温影响：特别是受精第一周，短期内温度升高达39～42℃，另外公猪受热配种也可造成死胚。

⑩母猪长期不运动。应针对上述原因进行预防。

（六）妊娠母猪流产的原因

妊娠母猪流产的主要原因包括：营养不良；母猪过肥或过瘦；高度近亲繁殖；突然改变饲料，饲喂霉变、有毒饲料，冬春喂冰冻饲料；长期睡在阴冷潮湿圈舍；机械性刺激；患传染病；患高热病；患疥螨或猪虱病；各种中毒。应针对发生原因进行防止。

（七）安全接产技术

母猪的怀孕期为114d左右，根据配种记录，推算预产日期，提前1周将母猪移入产房，并保持产房的干燥和温暖，等待母猪的分娩。母猪产前3～5d，外阴部红肿，乳房膨胀，产前2～3d可挤出乳汁，产前6～12h，母猪衔草做窝，根据以上临产征状，做好接产准备。

接产时，接产人员应修剪指甲并用肥皂水洗手，仔猪出生后，应立即用手指掏出口腔黏液，并用干布或柔软垫草把全身黏液擦干，冬天应放在保温灯下烘干全身；若遇胎衣未破，应立即用手撕破，放出羊水，严防仔猪窒息死亡。

断脐：仔猪出生后，应把脐带理顺，一手固定脐带基部，另一手剪断脐带，留10cm长，断面用5%碘酒消毒，经3～4d

后即会干枯脱落。

为防止踩死、压死仔猪，吃过初乳的仔猪应放入护仔箱内，上面盖上麻袋保温。

工厂化养猪场产房要保持室温不低于25℃，仔猪护仔箱内温度应为33～35℃。

若发生难产，可按摩母猪乳房，诱导其努责，然后按压腹部助产。若仍不见效，可肌内注射催产素，用量按每100kg体重2.0ml。若还不见效，应进行人工助产。

为减少仔猪腹泻疾病的发生，在仔猪吃奶前应用无刺激性消毒液清洗消毒母猪乳房和腹部。

第三节　种猪饲养管理

一、种公猪饲养管理

（一）后备公猪的选留及调教

1. 后备公猪的选留

后备公猪的选留要经过2月龄、4月龄、6月龄3个阶段。4月龄以后以每栏5～6头饲养为宜，勿使其过肥及增长过快，每日给予适量的运动。6月龄以后以每栏2头饲养，到8月龄再分成单栏饲养为宜。

2. 后备公猪的调教

8月龄以上的后备公猪每周即可与发情稳定的试情小母猪在公猪栏调教配种1～2次，2～3周后如配种成功可使其增加配种的“信心和经验”。同时，要检验公猪的精液质量。对于调教成功的合格后备公猪每天保持适量的逍遥运动，待其9月龄体重达110kg即可正式使用。

（二）生产用公猪的使用管理

1. 保持公猪旺盛的性欲

每天每头给2.5kg饲料，过肥的适当延长逍遥运动时间，体况瘦的每天增加0.3～0.5kg饲料，并单独补饲适量的蛋白质饲料。

2. 公猪的使用

后备公猪投入生产后应控制使用，开始阶段可每隔1～2d使用1次，每周使用2～3次。成年公猪每天使用1次，每周休息1～2d。如遇特殊情况，需要成年公猪1天配种2次时，2次之间要间隔6h以上，而且应在第二天停用，并适当增加饲喂量。公猪在配种高峰期及冬季每天应加喂0.3～0.5kg饲料以保持公猪中等偏上的膘情。炎热季节，配种应放在早上或日落后进行，并适当减少配种次数。

3. 公猪舍管理

生产公猪舍每天要打扫卫生，刷拭公猪体表，保持猪舍干燥和猪身清洁。有条件的可让生产公猪每天有适量的自由运动，至少每周要有2次的适量运动。不要将公猪长期养在栏内，更不能将2头以上的生产公猪养在一个栏内。

4. 配种要求

配种时配种员必须始终守在旁边并严格遵循配完一头再开始配另一头的原则。配种时要根据母猪的体况、大小来选择与配公猪，确保交配过程稳定，时间尽可能长，并用腿顶住交配的公母猪，防止母猪因承受不住而中止交配。需辅助阴茎插入阴道时，应用手指做个圆圈引导阴茎插入阴道，切不可用手抓着公猪阴茎牵拉引导。

5. 配种公猪管理

公猪每月检测一次精液品质，并参照每季度的配种受胎率评定每头公猪的优劣，及时淘汰繁殖性能差的公猪。公猪每月体表驱虫1次，每半年体内驱虫1次，并按规定准时注射各种疫苗，做好记录。

二、种母猪饲养管理

（一）后备母猪的选留及管理指南

1. 后备母猪的选留

后备母猪的选留要经过2月龄、4月龄、6月龄3个阶段。筛选出体形标准，生长发育正常，乳头6对以上且排列整齐均匀，外阴发育正常的留作种用。此时把后备母猪搬进种猪舍饲喂种猪料。每4~6头放一栏，定期赶公猪到后备母猪舍通道进行诱情。

2. 后备母猪参配前管理

后备母猪参加配种前必须进行猪细小病毒苗的免疫注射及常规疫苗的免疫注射，体内驱虫1次，体表驱虫1~2次。

3. 后备母猪参配要求

后备母猪在6~7月龄时可见发情，此时应记录初次发情时间，以供预测下一次的发情期时参考。后备母猪达8月龄，体重达100~110kg，自然发情已达3次时，即可参加配种。

4. 后备母猪配种期管理

后备母猪配种期进入配种期每头母猪每天饲喂3~4kg的优质青饲料，配种前7~10d饲喂精饲料量达每天2.5kg，配种后每天饲喂量降到1.8~2.2kg。临产前30d饲喂量增加到2.2~2.5kg。后备母猪妊娠后期饲喂量的增减要视母猪的膘情、体形大小及冬夏气温不同而变化，保持中上等膘情。

（二）空怀母猪的管理

1. 母猪膘情管理

母猪断奶后，由于泌乳哺育小猪，一般膘情下降，体况较差，此时要加强管理，以尽快恢复进入下一阶段的配种。一般应根据胎次、膘情、体形的大小，每3~5头一栏，放在带有运动外圈的栏内饲养。每天饲喂青饲料3~4kg，并增加蛋白质类饲料的饲喂量，适当增加放牧。通常以每天给2.5～3.0kg饲料为标准，保持一致良好的体况。肥了要减料，瘦了要加料，做好配种前的恢复准备工作。

2. 母猪配种管理

母猪断奶后3～10d一般即开始发情，此时要做好发情鉴定，及时用公猪试情。配种时要保持环境的安静，交配时间于早晨6时及18时为宜。夏季配种在早上8时以前及18时30分以后为宜。母猪的发情期一般3～5d，在开始发情的12～24h交配受胎率较高。第一次交配后相隔12h再行第二次交配。应选择发情稳定的猪配种，不要强迫交配。一般后备母猪在一个情期配种3～4次，经产母猪在一个情期配种2～3次。

3. 母猪配种管理

母猪配种后，要认真做好复发情的检查，特别注意配种后18～28d和38～44d的母猪。同时加强流产、子宫内膜炎和阴道炎等疾病的检查，便于及时处理。复发情检查最好是早上喂料后赶一头公猪从母猪舍通道经过，注意母猪的精神、外阴的变化及阴道分泌物情况，发情的母猪精神兴奋、爬栏、嘶叫、接受压背及两耳不断地竖立，外阴肿胀、潮湿、有黏稠的液体流出。

4. 乏情母猪及未配上母猪管理

对于进入配种舍1.5个月未发情的后备母猪、断奶两周未发情的断奶母猪、配种后1个月做妊娠检查为阴性且未见发情的母猪，应3～5头集中在一个栏内，增加青饲料的喂量，减少精饲料的喂量。增加放牧时间并经常分合圈以增加其相互打斗刺激或进行24h饥饿方法刺激其发情。同时每天可用一头公猪去追赶母猪20～60min以刺激母猪，但不可公、母猪混养，以免导致损伤和偷配。

5. 淘汰母猪

生产性能差的母猪，四肢及全身患病难以康复的母猪，应于断奶后立即淘汰。而对于2次以上流产、3次复发情、2次阴道炎和子宫炎、进入配种舍3个月未配上种的后备母猪、断奶后1.5个月未发情的母猪都应及时淘汰，同时还要根据后备母猪的补充情况，有计划地淘汰7胎次以上的或生产水平下降的母猪。

6. 疫病防控

母猪断奶后配种前这段时间，应及时对母猪进行常规的免疫注射，做好体内外驱虫工作。

（三）妊娠母猪的管理

1. 配种后母猪管理

母猪配种后在配种舍观察1个月未再发情的可转妊娠舍饲养。妊娠母猪的管理特别应注意饲料喂量及复发情的检查。妊娠母猪舍应坚持用公猪每天查情2次（上、下午各1次），查情时应特别注意配种后1～3个情期的母猪。

2. 母猪妊娠前期管理

怀孕前期（前84d）母猪最好单栏饲养，防止互相践踏、咬伤，以致流产。采用限食法，每头每天饲喂1.8～2.4kg饲料（视母猪的膘情及季节的变化适量地增减），并给予适量的青饲料以防便秘。

3. 母猪妊娠后期管理

怀孕后期（产前30d）应逐渐增加喂食量至2.5～2.8kg，另给适量的青饲料保持母猪中上等膘情，并进行体内外的驱虫和常规的免疫注射，做好产前的准备工作。

第四节　哺乳母猪及仔猪饲养管理

一、哺乳母猪的饲养管理

（一）产前母猪转群

妊娠母猪临产前1周进入产房，使其熟悉环境，减少分娩应激。母猪进入产房时及临产前全身喷雾消毒1次，并且用温水于产前洗净乳房及后躯。

（二）产前母猪管理

临产母猪进入产房后每天供给适量的维生素C及维生素E至产后为止。同时从临产前的4d开始逐渐减少喂料量，每天减少0.5kg，到生产的当天停料，并注意检查母猪的乳房和外阴。如果最后一个乳头有乳汁挤出，乳房肿胀，阴户肿胀潮湿，那么母猪将在12h内分娩，此时应做好分娩前的准备工作。

（三）母猪分娩前管理

母猪分娩前应认真做好准备工作：一是清洗母猪乳房、乳头、阴部。二是消毒接产用具。三是仔细检查配用的保温箱及灯泡。保温箱内应垫保暖材料，保证箱内干燥、温度适宜。四是检查其他应急措施。

（四）母猪分娩

母猪分娩时必须有人接产，小猪出生后，马上清除小猪口中和身上的黏液，处理脐带和胎衣，并用碘酊消毒脐带口。若母猪在产仔期间情绪不安定，可注射适量的安定剂。正常情况下母猪每20～30min可分娩一头小猪，分娩一窝的正常时间为3～5h，接产中如果发现母猪分娩异常，应立即检查产道并助产，以防止胎位不正或因几头小猪同时挤在子宫颈口导致难产而增加死胎数。

（五）人工助产

发现母猪分娩异常时，应首先检查产道，在产道正常无胎位异常或几只小猪堵塞产道的情况下，首先考虑用缩宫素助产，每次的用量为10～20IU，必要时相隔2h加用一次。如果产道检查发现胎位异常、产道堵塞或药物助产效果不好时，要考虑用人工助产与药物助产相结合的办法。此时用消毒水洗涤母猪后躯及外阴，消毒双手并涂上润滑剂，动作轻轻地纠正胎位及堵塞后再用药物助产。产完后对该母猪用高锰酸钾温水冲洗子宫

2～3 次，然后灌注溶有抗生素的生理盐水。在夏季高温季节，母猪产后乳腺炎发病率高，母猪产完后应连用 3d 青霉素、链霉素以起到预防作用。

（六）产后母猪管理

母猪产完后可赶起来饮水，分娩后的投料量以从少量逐渐增加的办法，让母猪每次能吃完所投饲料。分娩后的第一天上、下午各喂 0.5kg，从第二天开始每天增加喂量 0.25kg，到产后的第 7 天喂量达到 2.5kg。要注意在母猪每次都吃完投料的情况下才能逐渐增加。从产后的 8 天开始每天增加喂量 0.5kg，到产后的 14 天喂量达到 6.0kg 并维持这个喂量达 4 周龄。但由于每头母猪的膘情及其带仔数不同，应区别对待每头母猪的维持用量，一般情况带仔 6 头以下的喂 3.5kg，7～8 头喂 4.0kg，9～10 头喂 5.0kg，10 头以上喂 6.0kg。

（七）哺乳母猪管理

母猪断奶前应逐步减料，从产后 29d 起每天减少 0.5kg 至 35d 断奶时料量为 2.5kg。母猪断奶当天不喂料以防止乳房过分膨胀造成炎症。根据以上计算，母猪泌乳全期用料 155.75kg，平均每天 4.45kg，根据个体差异、膘情的好坏、带仔的多少等情况可适当地增减（注：对于采用 21d 或 28d 断奶的，母猪用料的增减可采用上述原则，具体数量应根据场内实际情况定）。

二、哺乳仔猪的饲养管理

第一，仔猪出生后 10～20min 内即要移到母猪乳头前，让仔猪尽早吃到初乳。仔猪吃完奶后让其躺在电热灯下保暖。在母猪分娩完成后的 24h 内，必须对仔猪进行剪牙、称重、剪尾、剪耳号，并于 1～3 日龄内注射铁制剂。

第二，仔猪出生后 3d 内应固定乳头，固定乳头的原则是弱小者靠前。对于弱小的仔猪出生后可先让其口服葡萄糖水，然后再让其吃初乳。

第三，若仔猪出生后，母猪奶水不够用，需要把仔猪寄养到其他窝中时，应等此窝仔猪吸吮母猪奶（初乳）至少6h以上才可寄养出去。寄养一般选择分娩48h以内的母猪（10～48h最好）。把较大且活泼的仔猪寄养在较早出生的窝中，把较小的仔猪寄养到刚生下不久的窝中，但必须让原有窝中的仔猪吃完初乳（即待母猪分娩完后6～10h以后方可接受寄养仔猪），以防止新移入的仔猪再一次吃别的母猪的初乳而腹泻。寄养时把新寄养的仔猪同原来的仔猪共同关在一起2h以上。

第四，仔猪出生以后，由于其饮食、营养、卫生和气候环境的变化，以及病原微生物感染等原因易发生腹泻，故在哺乳仔猪的管理中应特别注意以下几个最容易产生腹泻的几个阶段。

①仔猪出生后的1～5d，此时仔猪的抵抗力很弱，很容易因营养及低温等造成腹泻。这段时间一定要让每头仔猪吸吮到初乳。对体弱的仔猪，应特别护理，可每2h人工哺喂适量20%的葡萄糖水。保证母猪的健康，使每头仔猪每1～2h都能吃到一次母乳。要注意保持产房的干燥与温暖（以24～26℃为宜），小猪出生1～3d，保温箱内温度以32～33℃为宜。

②2～3周龄仔猪，此时由于小猪采食乳猪料量增加，其肠道内的pH值及肠道微生物都要发生变化故容易发生腹泻。此时除了保持室内温暖干燥外，还必须保持乳猪料的新鲜。对于“脏”的乳猪料，一定要倒掉（喂大猪）换新鲜的。在给仔猪补料时，一定要做到每天6～8次添料，每次3遍，以吃完不剩为原则。同时保持产房的干燥、干净和温暖，不用水冲洗产床及道路。

③刚断奶的仔猪，常因为断奶程序不当或断奶过快致使仔猪腹泻，故断奶前必须让仔猪的消化道适应饲料。仔猪7日龄时开始调教吃乳猪料，并逐日增加采食量，当仔猪一天能吃200～300g乳猪料时才可断奶。仔猪断奶要遵循“全进全出”的原则，一次断奶。对日龄特别小的仔猪和母猪可与下一组个别窝对换，而对腹泻的仔猪绝不可移来移去。

仔猪出生后，通过吃初乳而获得对疫病的抵抗力，但随着日龄的增加，母乳中的母源抗体逐渐减少，尤其3周龄后，母猪泌乳量逐渐下降，仔猪通过母乳获得的疫病抵抗力几乎消失，极易感染各种疫病。仔猪必须尽快建立自身的疫病防御系统，故仔猪20日龄前后必须加强消毒，加强有关疫苗的防疫注射。

第五节　仔猪保育期饲养管理

保育舍的工作重点是断奶仔猪的护理、免疫接种、驱虫、清洁消毒等。

第一，仔猪转移到保育舍是一种应激，通常会引起腹泻，所以在转出之前2～4h停喂乳猪料，在仔猪断奶后第一天可不喂料。同时对初断奶仔猪要精心护理，要避免受冷，室内温度保持在26～30℃。

第二，刚断奶的小猪要采用少量多餐的办法，细心护理，保持饲料的新鲜。在断奶后1～5d内的小猪饮水中加入电解质、抗生素、维生素E等。从断奶的第二天开始喂料，但喂料的前3d应适当限食，以后本着少量多餐的办法逐步增加喂料，并在料中加入抗生素，7d后自由采食。

第三，刚断奶的仔猪要继续饲喂转栏前所用的饲料，当仔猪从应激恢复正常后达到应换料的体重阶段再换料。要根据仔猪的不同生理阶段使用不同种类的饲料，更换饲料时要逐步变换，经过5～7d的过渡期后才能完全换过来。

第四，断奶小猪进入保育舍之前，要认真检查加热保温设备，逐一检查饮水器并调节到适当的高度。室温调节为26～30℃后方可移入小猪，随着仔猪的长大，保育舍温度可按每周1～2℃的幅度调低，直至22℃。精心观察仔猪的行为，不让仔猪有过热或过冷的表现，对个别精神不振的仔猪要认真检查并及时治疗。

第五，每周都对本组内的猪群进行组内调整，使每栏猪保持一致的体况和密度。但不要随便将不同组的猪进行调整，这样容易漏打疫苗，造成某种免疫空白。

第六，保育舍内各种疫苗的免疫接种是最重要的工作。注射疫苗时要保证注射用具的干净、消毒彻底，按规定的方法严格操作，做到每栏换一次针头，严禁打飞针，要绝对保证按要求的剂量准备接种到位，并准确做好防疫记录。

第七，认真做好保育舍的清洁消毒工作，每周消毒 2 次以上，保持舍内干燥通风，按猪群保健计划表认真做好保育猪的体内、外驱虫工作。

第六节 育肥猪饲养管理

育肥猪的管理重点为圈舍的清洁消毒工作，保持舍内适当的温度及良好的通风降温措施，并认真做好记录。

一、转群

仔猪出保育栏时以 3 ~4 窝仔猪为一组，小心地赶进一栏内，然后根据仔猪的性别分栏，再根据体重的大小和强弱分栏。达到按体重相近、公母分群饲养的目的。

二、分栏管理

仔猪到育成舍分栏后，前 3d 要进行严格的调教，做到吃料、饮水、排粪三定点，防止咬斗。仔猪出保育栏的当天停止喂料或转入 4 ~6h 以后少量的喂料，转入的前 3d 适当限食，以后逐步增加，7d 后方可正常饲喂。

三、做好记录

仔猪转群分栏完成后，每个栏填写一张记录卡，记录转群日期、该栏猪头数及其出生日期、断奶日期、各种疫苗的注射日期等，随后这张记录卡随猪群的转移跟踪到育肥舍，当猪出售时记录出栏日期，收集保存。如果育成与育肥分阶段饲养，尽量以原来的整栏猪为基础，减少重组群打架和应激。

四、做好环境卫生工作

认真做好清洁消毒工作，防止有害气体过大。坚持每天进行一次喷雾消毒，喷雾的量无须太多，关键要雾化程度高，以净化空气中的微生物和尘埃，减少在高密度饲养情况下的外伤感染和呼吸道疾病的发生。每次出猪后要及时冲洗和消毒圈舍，并消毒赶猪的通道。通常情况，出售商品猪后栏内可能会留下几头较小的猪，此时应该采用以多混少的办法进行并栏，同时用消毒药消毒圈舍与猪身，以消减不同猪的气味和防止打伤后造成外伤感染。每月进行一次全面的大消毒，消毒栏舍、顶壁及四周。

五、温度管理

夏天气温超过 30℃，应做好舍内的降温工作，对育肥猪可采用每 15 ~20min 开启喷雾系统喷雾 2 ~5min。对体重还小的育成猪，可用每天 1 次的喷雾消毒代替。

第七节　猪的疾病防治

一、猪瘟

猪瘟俗称“烂肠瘟”，是由猪瘟病毒引起的猪的一种急性、热性、败血性传染病。本病流行广、传染快、死亡率高。我国将其列为一类传染病。

【症状】潜伏期 2 ~7d。

最急性型：多见于流行初期，主要表现为突然发病，高热稽留，体温可达 41℃以上，全身痉挛，四肢抽搐，皮肤和可视黏膜发绀、有出血点，倒卧地上，很快死亡，病程 1 ~5d。

急性型：体温升高达 41 ~42℃，稽留不退；精神沉郁，行动缓慢，头尾下垂，嗜睡，发抖，行走时拱背，不食。病初有急性结膜炎，眼角有多量脓性分泌物，鼻镜干燥；公猪包皮积尿，用手可挤出混浊恶臭尿液。初便秘，排栗子状粪；后下痢，粪便混有血液和伪膜，或腹泻便秘交替。耳、颈、腹部、四肢内侧皮肤上有出血点和出血斑。死亡前期，体温下降至常温以下，病程一般 1 ~2 周。

亚急性型：症状与急性型相似，但较缓和，病程一般3～4周。不死亡者常转为慢性型。

慢性型：主要表现为消瘦、贫血、衰弱，体温时高时低，便秘腹泻交替，皮毛枯燥，行走无力，食欲不佳。有的病猪在颈、耳根、尾尖、腹下及四肢皮肤上有紫斑、坏死痂或痘样疹。病程1个月以上，多死亡。不死的发育不良，成为僵猪。

繁殖障碍型：孕猪感染后可不发病，但长期带毒，并能通过胎盘传给胎儿。孕猪流产、早产、产死胎、木乃伊胎、弱仔或新生仔猪先天性震颤。存活的仔猪可出现长期病毒血症，一般数天后死亡。

温和型：症状较轻且不典型，有的耳部皮肤坏死，俗称“干耳朵”；有的尾部坏死，俗称“干尾巴”；有的四肢末端坏死，俗称“紫斑蹄”。病猪发育停滞，后期四肢瘫痪，不能站立，部分猪跗关节肿大。病程半个月以上，有的2～3个月后可逐渐康复。

神经型：多见于幼猪。全身痉挛或不能站立，或盲目奔跑，或倒地痉挛，常在短期内死亡。

亚临诊型：临诊无症状，生长发育慢，血清学检查呈阳性。

【防治】用猪瘟疫苗按免疫程序做预防注射，对新引进的猪必须坚持补防。发生本病时，要立即上报疫情，并采取封锁疫区、疫点、隔离处理病猪、病尸，紧急预防接种和彻底消毒等综合性防治措施。

对有治疗价值的猪可采用猪瘟高免血清进行隔离治疗，症状较轻的病猪也可采用白细胞介素－2、免疫球蛋白、干扰素等进行治疗，或采用大剂量猪瘟疫苗加白细胞介素－2进行紧急免疫注射，均可收到较好疗效。

二、猪口蹄疫

口蹄疫是由口蹄疫病毒引起的偶蹄兽的一种急性、热性和高度接触性传染病。临诊特征是在口腔黏膜、鼻端、蹄部和乳房皮肤发生水疱和溃烂。

【症状】以蹄部水疱为主要特征。病猪体温升高达41℃，精神沉郁，食欲减退。蹄部水疱可出现在蹄冠、蹄踵、副蹄和趾间。在口腔黏膜上（包括舌、唇、齿龈、咽和腭部）形成小水疱或糜烂，乳房皮肤和鼻端，尤其哺乳母猪的乳头和乳房也经常出现上述病变。病猪出现跛行，甚至蹄壳脱落，卧地不起；成年猪多取良性经过，很少死亡；但哺乳仔猪病情严重，常呈急性胃肠炎和心肌炎症状，病程很短，突然死亡，致死率可达80%。

【防治】根据当地口蹄疫血清型用疫苗进行计划免疫。发生疑似口蹄疫时，应立即向动物防疫监督机构报告，组织人员会诊并采集水疱液或水疱皮送检；对发病猪场和村庄要实行封锁，猪场的圈舍、用具、场地等用3%氢氧化钠溶液消毒；粪便、垫草、残余饲料等运送到指定地点销毁或堆积发酵；对受威胁的猪群，可紧急接种高免血清或口蹄疫灭活苗加白细胞介素－2进行免疫。病猪和同群猪一律扑杀并进行无害化处理。

三、猪传染性胃肠炎

猪传染性胃肠炎是由猪传染性胃肠炎病毒引起的一种急性、高度接触性传染病。其特征是呕吐、严重腹泻、脱水和以10日龄内仔猪高死亡率为特征。

【症状】病猪突然呕吐，接着发生剧烈的水样腹泻，粪便为黄绿色或灰色，有时呈白色，并含凝乳块，发恶臭。部分病猪体温升高，发生腹泻后体温下降。病猪迅速脱水，消瘦，严重口渴，食欲减退或废绝。哺乳仔猪死亡率较高，随着日龄的增加死亡率降低。病愈猪生长发育较缓慢。

架子猪、育肥猪和成年猪的症状较轻，表现为减食、腹泻，有时出现呕吐。一般经3～7d恢复，极少发生死亡。哺乳母猪泌乳下降或停止。

【防治】提倡自繁自养，不要从疫区引进猪，以免传入本病。发现病猪要立即隔离，并用3%氢氧化钠或20%石灰水消毒猪栏、场地、用具等。尚未发病的怀孕母猪、哺乳母猪及其仔猪隔离到安全的地方饲养。母猪产前1个月接种疫苗。接种途径为后海穴。

抗生素对本病治疗无效，但可防止继发感染，有助于缩短病程加速康复。对患病仔猪多给饮水并进行补液，对减少死亡率有一定作用。经常发病的猪场，也可将病死仔猪的肠道及其内容物切碎喂给临产前1个月的母猪，这种母猪在分娩时已产生了免疫力，由其哺乳的仔猪一般不会发病。干扰素、白细胞介素-2、黄芪多糖等对本病有较好的疗效。

四、猪流行性腹泻

猪流行性腹泻是由猪流行性腹泻病毒引起的猪的一种高度接触性肠道传染病。

【症状】本病潜伏期1~5d。症状与传染性胃肠炎十分相似，不论大小猪都可发病。仔猪主要表现为呕吐、水样腹泻、脱水。病猪精神沉郁、食欲减退。1周龄内仔猪感染症状严重，粪便呈黄色或浅绿色，往往因脱水严重而死亡。断奶仔猪和育成猪，主要表现呕吐、腹泻、精神沉郁、食欲减退，一般经2~3d康复。成年猪症伏更轻。

【防治】参照猪传染性胃肠炎的防治措施。

五、猪流行性感冒

猪流行性感冒是由猪流感病毒引起的猪的一种急性、热性、高度接触性传染病。其特点是发病急、传播快、发病率高、死亡率低，病猪表现发热、肌肉或关节疼痛和呼吸道症状。

【症状】潜伏期2~7d，病初体温突然升高至40~42℃，食欲减退或废绝，精神沉郁，呼吸急促，喷嚏，咳嗽；鼻流出浆液性或脓性鼻汁，眼结膜潮红、流泪并有分泌物；肌肉、关节疼痛，病猪躺卧、不愿站立、跛行；孕猪流产；病程4~7d，大部分病猪自行康复，极少死亡。若有继发感染，如副猪嗜血杆菌、巴氏杆菌、沙门菌、蓝耳病病毒等，则病情加重，甚至发生死亡。

【防治】目前尚无有效的疫苗，主要采取综合性防治措施。如加强饲养管理，保持猪舍的清洁干燥，防寒保暖，定期驱虫；尽量不在寒冷、多雨雪、气候骤变、长途运输猪等。治疗主要是对症治疗，防止继发感染。可用解热镇痛药，如安乃近、氨基比林、柴胡等，同时配以抗生素或磺胺类药物以控制继发感染。在治疗的同时，须加强营养，补充维生素防止便秘。有时病猪可不治自愈。

六、猪细小病毒病

本病是由猪细小病毒引起的猪的繁殖机能障碍性传染病，尤其是初产母猪受害更大。

【症状】本病可使妊娠母猪发生流产、死胎、木乃伊胎、畸形胎或仔猪衰弱等。

母猪感染后早期出现不孕或反复发情，怀孕后产出木乃伊胎或死胎，存活胎儿表现畸形或衰弱，最后死亡。仔猪一般无临诊症状。

【防治】除经常性消毒外，特别要防止引进病猪或病猪精液；发现有疑似本病的母猪，应对母猪和猪群进行检疫，剔除病猪；健康猪用弱毒苗或灭活苗接种。有资料记载，后备猪防疫确实可终生免疫。

七、猪伪狂犬病

猪伪狂犬病是由伪狂犬病毒引起的家畜及多种野生动物的一种急性传染病。在家畜中以猪、牛、羊最易感，小猪较成年猪易感。

【症状】潜伏期 3 ~ 6d，症状随猪年龄不同而有很大差异。成年猪一般为隐性感染，妊娠母猪发生流产、产木乃伊胎或死胎、弱仔。公猪睾丸肿大或萎缩，生产性能下降。青年母猪卵巢坏死、不发情、生产母猪返情率高、屡配不孕。

新生仔猪及4周龄以内的仔猪感染时，常大批死亡。体温升高41℃以上，运动失调、痉挛、呕吐、流涎、腹泻、昏睡。有的仔猪只能做后退运动或转圈运动。最后四肢麻痹，伏卧，体温下降而死亡。有的仔猪呼吸困难呈腹式呼吸。断奶后的仔猪症状轻微或无症状，有的仔猪腹部皮肤下有紫红色斑点。仅个别猪呈现神经症状。

【防治】防鼠、灭鼠以控制和消灭本病鼠传染源。加强卫生消毒，隔离、扑杀病猪，淘汰阳性猪。做好免疫接种，种猪可用基因缺失苗、灭活苗，禁用弱毒苗。早期感染的病猪可用高免血清、干扰素进行治疗。受威胁仔猪可用基因缺失活苗加白细胞介素-2进行紧急接种。

八、猪繁殖与呼吸综合征

猪繁殖与呼吸综合征又称蓝耳病，1987年在美国首次报道，它是由猪繁殖与呼吸综合征病毒引起的猪的一种高度接触性传染病，主要特征为繁殖障碍和呼吸困难。

【症状】不同的国家和地区其症状不尽相同，其多样性和亚临诊感染较多为本病的特点。临诊上一般分为急性型、慢性型和亚临诊型。

急性型：又可分为3个阶段：初期：一般1~3周，主要症状为发热40~41℃，厌食、嗜睡、哺乳母猪无乳。幼猪呼吸困难，有的呈现肌肉震颤、拉稀、眼睑水肿等。少数病猪出现双耳、外阴、尾部、腹部和口部青紫、发绀。公猪性欲下降。高峰期：持续8~12周，主要症状为妊娠母猪早产、流产、产死胎、产木乃伊胎或弱仔。断奶仔猪、育成猪易继发链球菌、副猪嗜血杆菌、沙门菌、猪流感、猪瘟、圆环病毒等。由于呼吸困难加继发性感染，死亡率成倍增加。末期：母猪生殖功能逐渐恢复。仔猪和生长猪发生不同程度呼吸系统症状，可能康复，也可能转为慢性。存活的仔猪仍较正常猪死亡率高。

慢性型：仔猪成活率低，生长缓慢，可引起免疫抑制，故容易继发感染。

亚临诊型：无临诊症状，但血清学检查呈阳性。

【防治】对外来猪严格检疫、隔离，确认无病后方可混群。建立严格的卫生防疫制度。建立“全进全出”的饲养管理制度。加强饲养管理，减少各种应激，提高机体抵抗力。做好免疫接种是预防本病的有效措施。对受威胁猪群可用弱毒苗加白细胞介素-2进行紧急免疫接种。易感猪群可定期用替米考星以及有抗病毒作用的中药进行药物预防。治疗可用高免血清、白细胞介素-2、免疫球蛋白、干扰素、黄芪多糖等，同时配以对症药物。

九、猪日本乙型脑炎

猪日本乙型脑炎又称流行性乙型脑炎，是由日本乙型脑炎病毒引起的一种人畜共患传染病。猪发生本病的特征是母猪流产、产死胎，公猪睾丸肿大，少数猪出现神经症状。

【症状】病猪体温升高，高热稽留，个别病猪呈现明显的神经症状。妊娠母猪发生流产，有时产死胎、产木乃伊胎或弱仔。病公猪常发生一侧睾丸肿大，数天后睾丸肿胀消退，逐渐萎缩变硬。

【防治】在疫区，可对猪群肌内注射乙型脑炎弱毒苗。死猪及流产胎儿、胎衣、羊水等，均须深埋，污染物、场所及用具应彻底消毒。

十、圆环病毒病

猪圆环病毒病是指以圆环病毒2型（PCV-2）为主要病原，单独或继发感染其他病原微生物的一系列疾病的总称。

【症状】本病多发生于5～16周龄的猪，最常见的为6～8周龄。猪群发病进展缓慢，一次发病可持续数月。

传染性先天性震颤：其震颤从轻度到重度，每窝仔猪感染数存在差异。仔猪出生后第一周，严重的震颤可因不能吃奶而死亡，1周龄的仔猪可以存活，但多数需3周时间恢复。震颤为双侧，影响骨骼肌肉，当卧下和睡觉时震颤消失，外界刺激（如忽然噪声和温度刺激）可引发或加重震颤。有的在整个生长和发育期间都不断发生震颤。

断奶后多系统衰竭综合征：常发生于3～12周龄仔猪，断奶前生长发育良好。断奶后出现腹泻、消瘦、生长受阻、体重减轻、僵猪增多、咳嗽、呼吸困难，被毛粗乱，皮肤苍白和黄疸，体表淋巴结肿大，个别猪出现中枢神经系统功能紊乱。本病发病率低，但死亡率高。

皮炎肾炎综合征：常在12～14周龄猪群中发生，持续至18～24月。最常见的症状为皮肤发生圆形或不规则形的隆起，呈现周边为红色或紫色中央为黑色的病灶。病灶常融合成条带和斑块。病灶通常在后躯、后肢和腹部最早发现，有时亦可扩展到胸肋或耳。发病温和的常自动康复。发病严重者可出现跛行、发热、厌食和体重减轻。

【防治】目前无特异性措施，常采取综合性防治措施。

提高猪的营养水平。根据猪的营养需要补给充足的蛋白质、氨基酸、维生素和微量元素，提高饲料质量，保证仔猪充足的饮水，可在一定程度上降低该病的发生率和造成的损失。

完善饲养方式，减少和降低猪群之间PCV－2及其他病原的接触感染机会。实行严格的“全进全出”制，防止不同来源、年龄的猪混养；保持猪舍干燥，降低猪群饲养密度，良好的圈舍通风；减少环境应激，合理分群混养；改善空气质量，降低氨气浓度；避免饲喂霉变饲料。

实施严格的生物安全措施，避免鼠、飞鸟及其他动物接近猪场。对外来猪做好检疫、隔离，确认无病后方可混群，淘汰病猪。将消毒卫生工作贯穿于养猪生产的各个环节。

做好猪繁殖与呼吸综合征、猪瘟、猪伪狂犬病、猪细小病毒、气喘病等相关疫苗的免疫接种，提高猪群整体免疫水平，减少呼吸道病原体的继发感染，增强肺脏对PCV－2的抵抗力。

完善药物预防制度，提高机体免疫力。常用药物有支原净、强力霉素、阿莫西林、头孢噻呋钠、泰乐菌素、黄芪多糖、左旋咪唑、中药制剂等。母猪在产前和产后 1 周，仔猪在断奶前后用药预防。

试用血清或细胞因子。

①用本场健康成年猪血清，给本场仔猪肌内注射，也可腹腔注射。

②用白细胞介素 -2、干扰素等肌内注射。

用猪圆环病毒 2 型灭活苗进行免疫接种。

模块四　牛的规模养殖

第一节　牛的品种

一、肉牛优良品种

肉用牛品种是经过选育和改良，在经济及体形结构上最适于生产牛肉的专门化品种。目前，全世界约有 60 多个专门化的肉用品种。

（一）夏洛来牛

夏洛来牛（图 4－1）是现代大型肉用牛育成品种之一。原产于法国中部的夏洛来地区和涅夫勒省。已输出到世界 50 多个国家和地区。成年公牛体重 1 100～1 200kg；成年母牛体重 700～800kg。屠宰率一般为 60%～70%。

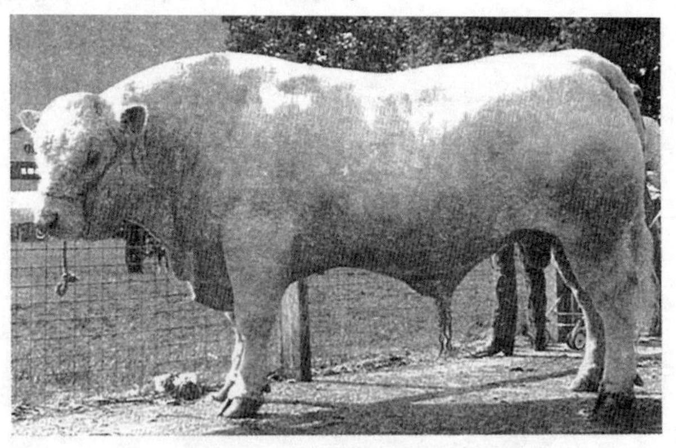

图 4－1　夏洛来牛

（二）利木赞牛

利木赞牛（图4－2）原产于法国利木赞高原，并由此而得名。原为役肉兼用牛，逐步培育成现在的专门化大型肉用品种。其群体数量70余万头，在法国仅次于夏洛来牛，居第二位。较好的成年公牛体重为950～1 200kg，成年母牛体重为600～800kg。屠宰率为67.5%。

公牛

母牛

图4－2　利木赞牛

（三）西门塔尔牛

西门塔尔牛（图4－3）原产于阿尔卑斯山区，以瑞士西部

图4－3　西门塔尔牛

居多，少数在法国、德国、奥地利等国的边邻地区。毛色以红

白花为主，是肉乳兼用型品种。成年公牛体重可达1 000kg以上，成年母牛体重700kg以上。屠宰率高达60.2%，一个泌乳期产奶量可达4 000～6 000kg，乳脂率高达3.9%～4.1%。

（四）安格斯牛

安格斯牛（图4－4）全称阿伯丁—安格斯牛，因无角，毛色纯黑，故也称无角黑牛。原产于苏格兰北部的阿伯丁、安格斯和金卡丁等郡，是英国最古老的小型肉用牛品种之一。目前，安格斯牛分布于世界大多数国家。在美国可占肉牛总头数的1/3，也是澳大利亚肉牛业中最受欢迎的品种之一。成年公牛体重为800～900kg，成年母牛体重为500～600kg。屠宰率一般为60%～65%。

图4－4　安格斯牛

（五）海福特牛

海福特牛（图4－5）原产于英格兰西部的海福特郡，是英国最古老的中小型早熟肉牛品种，以优良的种质特性驰名全球，现分布于世界许多国家，是欧洲、美洲的四大肉牛品种之一。海福特牛具有典型的肉用牛体形，分为有角和无角两种。成年公牛体重850～1 100kg，成年母牛体重600～700kg。屠宰率一般为60%～65%，净肉率达57%。

图4－5　海福特牛

（六）皮埃蒙特牛

皮埃蒙特牛（图4－6）原产于意大利北部的皮埃蒙特地区，是意大利的新型肉用牛品种。由于其具有“双肌”基因，是目前国际公认的终端父本，已被世界20多个国家引进，用于杂交改良。其体格大，体质结实，背腰较长而宽，全身肌肉丰满，体躯呈圆筒状。公、母牛的鼻镜部、蹄及尾帚均呈黑色。成年公牛活重不低于1 100kg，成年母牛平均体重为500～600kg。

图4－6　皮埃蒙特牛

屠宰率68.23%，胴体瘦肉率84.13%。

二、奶牛优良品种

乳用牛品种是经过长期精心选育和改良，最适于生产牛奶的专门化品种。世界较著名的乳用牛品种是荷斯坦牛，其在世界各国的饲养量最多。

（一）荷斯坦牛

荷斯坦牛（图4－7）原产于荷兰北部的北荷兰省和西弗里生省，为世界著名的乳用牛品种。因其毛色具有黑白相间、界限分明的花片，故又普遍称之为黑白花牛。荷斯坦牛平均年产奶量为8 016kg，乳脂率为3.66%，乳蛋白率为3.23%。

公牛

母牛

图4－7　荷斯坦牛

（二）娟姗牛

娟姗牛（图4－8）属小型乳用品种，原产于英吉利海峡的娟姗岛。娟姗牛性情温驯、体形轻小、乳脂率较高。现分布于世界各地。娟姗牛的最大特点是单位体重产奶量高，乳汁浓厚，乳脂肪球大，易于分离，风味好，适于制作黄油，其鲜奶及乳制品备受欢迎。平均产奶量为3 000～4 000kg，乳脂率为5%～7%，为世界乳牛品种中乳脂产量最高的一种。

公牛

母牛

图4-8　娟姗牛

（三）爱尔夏牛

爱尔夏牛（图4-9）属于中型乳用品种，原产于英国爱尔夏郡。以早熟、耐粗饲，适应性强为特点。我国广西、湖南等省（区）曾引入。其体格中等，结构匀称，毛色为红白花。该品种外貌的重要特征是其奇特的角形及被毛有小块的红斑或红白纱毛；鼻镜、眼圈浅红色，尾帚白色；乳房发达，发育匀称呈方形，乳头中等大小，乳静脉明显。爱尔夏牛的产奶量低于荷斯坦牛，但高于娟姗牛。美国爱尔夏登记牛年平均产奶量为5 448kg，乳脂率3.9%～4.12%。

公牛

母牛

图4-9　爱尔夏牛

第二节 牛的繁殖

一、牛的排卵时间和发情特征

牛的发情持续时间一般是30～36h。排卵则发生在外部表现停止，衰退之后的8～12h，即发情开始后的20～24h，此时发情的外部表现停止，性欲开始消失，拒绝爬跨，外阴部红肿消退，黏液变稠，这也是适宜的输精时间，此时距排卵8～12h。

母牛发情总的持续期较短，可靠的是直检卵巢上滤泡的发育程度。牛滤泡的成熟性主要看质地和弹性，硬弹性后开始出现软化点时即可输精。一个情期输精1次即可受精，如10～12h仍未排卵或症状不消失时，可酌情再输1次。

牛的发情排卵特点：一是牛的左右卵巢有差异，右卵巢较活跃，排卵的机会多。据日本的研究资料，右侧排卵占56%～59%，左侧排卵占41%～44%。二是牛的卵泡直径5～15mm的占绝对优势，其中7.5～12mm占72.8%。三是母牛的排卵时间因个体有差异，尤以营养水平影响较大。四是母牛排卵时间不直接受神经控制，是自发排卵，多发生于夜间及清晨，故输精安排在下午及傍晚较为有利。

二、直肠把握子宫颈输精法

牛的人工授精，目前许多国家都采用直肠把握子宫颈深部输精法。实践证明，不论液状精液还是冷冻精液，使用直肠把握法均能提高受胎率。

（一）优点

观察牛的生殖器官正常与否，可以做到心中有数，如有疾病及时发现，及时治疗。对一些子宫颈口过紧，开张不好，歪曲、阴道狭窄的采用此法可正常授精。此法便于掌握卵泡变化过程，做到适时授精，从而提高受胎率。可以进行早期妊娠诊断，防止假发情误配。精液用量小，医药开支少，器械简单，符合节约原则。

（二）器械

输精通用凯苏式输精器 1 个，消毒盒 1 个，外阴部消毒桶 1 个。

（三）消毒

输精器外壁用酒精棉擦拭，晾干。输精前用细绳把尾巴吊起或专人拉住牛尾，用清洁温水把外阴部周围洗干净，也可用 2% 来苏尔溶液或 0.1% 高锰酸钾溶液消毒。

（四）输精操作

将细管冻精缓慢放入管内，一只手插入直肠，抓住子宫颈固定起来，同时臂膀用力下压，使阴门张开。另一手持输精器（枪），助手掰开阴唇，自阴门先向上斜插，避开尿道口后，再向下方插入。这时两手再配合，使输精管对准子宫颈口，左手握住子宫颈向前推移，一直插入子宫颈深部。输精时将输精器端部略后退，以便输入。

（五）输精过程中应注意的问题

必须严肃认真对待，切实将精液输到子宫颈内。目前生产中的主要问题是由于输精技术掌握不好，并没有把精液真正输到指定的部位，因此严重影响受胎率，尤其是推动冷冻精液输精过程中更是如此。

个别牛努责厉害、弓腰，应由保定人员用手压迫腰椎，术者握住子宫颈向前方推，使阴道弛缓，同时，停止努责后再插入。

输精器达子宫颈口后，向前推进有困难时，可能是由于子宫颈黏膜皱襞阻挡，也可能是子宫颈开张不好、有炎症，或是子宫颈破伤结疤所造成。遇到这种情况，应弄清原因移动角度，并进行必要的耐心按摩，切忌用力硬插。

进入直肠的手臂与输精管应保持平行，不然人体胸部容易碰上输精器内栓，造成精液中途流失。

输精时如用凯苏式输精器，不得在原处松开，而应退出阴道外才松开，否则易引起精液回吸，影响输精量。

排粪时一手遮掩，不使粪便流落外阴部。

如母牛过敏、骚动，可有节奏地抽动肠内的左手，或轻搔肠壁以分散母牛对阴部的注意力。

插入要小心谨慎，不可用力过猛，以防穿破子宫颈或子宫壁。为防折断输精管需轻持输精器随牛移动，如已折断，需迅速取出断端。

遇子宫下垂时，可用手握住子宫颈，慢慢向上提拉，输精管就容易插入。

三、输精的适宜时间

母牛排卵以后，卵子遇到活力旺盛的精子的时间越短，受精率较高，这就要求确定排卵时间和适宜的输精时间。

在生产中，排卵时间的确定，完全依靠频繁的直检是有困难的，必须从外阴部肿胀度、阴道黏膜的变化、黏液量和质的变化、子宫颈开张的程度、是否接受公牛的爬跨、直肠检查卵巢卵泡的变化等方面综合分析，才能找出最适宜的输精时间。

有经验显示，在发情症状结束前1～3h内输精，其受胎率最高可达93.3%，可见输精的最适期只有3～4h，因此要使受胎率高，必须使卵子和精子的新鲜度高，也就是说排卵后不久就使精子到达输卵管。出现以下几种情况应予输精：母牛由神态不安转向安定，发情表现开始减弱；外阴部肿胀开始消失，子宫颈稍有收缩，黏膜由潮红变为粉红或带有紫褐色；黏液量少，成混浊状或透明有絮状白块；卵泡体积不再增大，皮变薄，有弹力，泡液波动明显。

在实际工作中，可以这样安排，如上午发现母牛接受爬跨安定不动，应于晚上或第二天清晨进行配种；如下午发现母牛接受爬跨，安定不动，应于第二天清晨或傍晚进行配种。

四、输精深度和部位

一般要求子宫颈管内深部输精。据大量试验证明，输精深度超过子宫颈管中间以后，进行子宫体、子宫角输精，并不能额外提高受胎率。因为输入子宫的精子能在数十分钟内达到输卵管的受精部位，因此深部输精可以缩短精子去输卵管的路程理由不充足，且深部输精容易将布氏杆菌病带给母牛，容易造成子宫创伤，同时孕牛中有3%～6%表现假发情，如做子宫内输精会导致妊娠受阻。

五、输精量

常规人工授精一般输精量为原精0.3～0.5ml，稀释4倍为1～2ml，每次输入的精子不少于1 500万。处女牛可略增加。使用冷冻精液1次使用1份即可。

在合格的精子数范围内，输精量为0.25ml，关键在于有效精子数必须保证，在输精容量较小时，输精部位要求更严。至于稀释倍数，一般细管冻精有效精子数均在1 500万以上。

六、输精次数

一个情期内一般输精2次比1次可以提高受胎率。据上海牛奶公司的经验，在一个情期内输精2次比1次好，其受胎率提高10%。据洛阳白马寺种公牛站多年研究试验统计，一个情期输精一次受胎率为53.7%，2次输精为56.1%，但2次输精耗费精液和劳力大，故如能掌握好发情规律，实行一次输精也是完全可以的。

七、输精时注意事项

输精器的温度与精液的温度尽量相同。注入精液时如感到排出受阻，可稍稍移动或稍向外抽出一些，然后再注入。输精后如发现有逆流现象，应立即补输。输精时如发现阴道、子宫有炎性分泌物时，应进一步检查是否有疾患。输精后检查末滴精液的精子活力，以判定精液品质在输精过程中是否有变化。

第三节 肉牛饲养管理

一、妊娠母牛的饲养管理

孕期母牛的营养需要和胎儿生长有直接关系。胎儿增重主要在妊娠的最后 3 个月，此期的增重占犊牛初生重的 70% ~ 80%，需要从母体吸收大量营养。若胚胎期胎儿生长发育不良，出生后就难以补偿，增重速度减慢，饲养成本增加。同时，母牛体内需蓄积一定养分，以保证产后泌乳量。妊娠前 6 个月胚胎生长发育较慢，不必为母牛增加营养。怀孕母牛保持中上等膘情即可。一般母牛分娩前，至少要增重 70kg，才足以保证产犊后的正常泌乳与发情。

舍饲情况下，按以青粗饲料为主适当搭配精饲料的原则，参照饲养标准配合日粮。粗饲料以青贮、豆秸、玉米秸、青干草、花生秧为主，由于粗饲料蛋白质含量低，要搭配 1/3 ~ 1/2 优质豆科牧草，再补饲饼粕类，也可用尿素代替部分饲料蛋白。粗饲料若以麦秸为主，肉牛很难维持其最低需要，必须搭配豆科牧草，另外补加混合精饲料 1.0kg 左右，其中玉米 270g，大麦 250g，饼类 200g，麸皮 250g，石粉 10 ~ 20g，食盐 10g。每头牛每天添加 1 200 ~ 1 600IU 维生素 A。怀孕牛禁喂棉籽饼、菜籽饼、酒糟等。不能喂冰冻、发霉饲料。饮水温度要求不低于 10℃，饲喂顺序：在精饲料和多汁饲料较少（占日粮干物质 10% 以下）的情况下，可采用先粗后精的顺序饲喂，即先喂粗饲料，待牛吃半饱后，在粗饲料中拌入部分精饲料或多汁料碎块，引诱牛多采食，最后把余下的精饲料全部投饲，吃净后下槽；若精饲料量较多，可按先精后粗的顺序饲喂。

怀孕后期应做好保胎工作，无论放牧或舍饲，都要防止挤撞、猛跑。临产前注意观察，保证安全分娩。饲料条件较好时，应避免过肥和运动不足。充足的运动可增强母牛体质，促进胎儿生长发育，并可防止难产。纯种肉用牛难产率较高，尤其是初产母牛，须做好助产工作。

二、泌乳母牛的饲养管理

（一）分娩前后的护理

临近产期的母牛应停止放牧，停止使役，给予营养丰富、品质优良、易于消化的饲料。产前半个月，最好将母牛移入产房，由专人饲养和看护，估计分娩时间，准备接产工作。母牛的分娩征兆包括以下几个方面：在分娩前乳房发育迅速，体积增加，腺体充实，乳头鼓胀；阴唇在分娩前1周开始逐渐松弛、肿大充血，阴唇表面皱纹逐渐展平；在分娩前1～2d阴门有透明黏液流出；分娩前1～2周骨盆韧带开始软化，产前12～36h荐坐韧带后缘变得非常松软，尾根两侧凹陷；临产前母牛表现不安，常回顾腹部，后躯摇摆，排粪尿次数增多，每次排出量少，食欲减少或停止。上述征兆是母牛分娩前的一般表现，由于饲养管理、品种、胎次和个体之间的差异，往往表现不完全一致，必须根据母牛的具体情况和表现，全面观察，综合判断，才能做出正确估计。

正常分娩时，母牛可以将胎儿顺利产出，不需人工助产。但是对初产母牛，胎位异常及分娩过程较长的体弱母牛要及时进行助产，以缩短分娩过程并保证胎儿的成活。

分娩时母牛体内损失大量水分，分娩后应立即给母牛饮温麸皮汤。一般用温水10kg，加麸皮0.5kg，食盐50g，搅拌均匀喂给。有条件加250g红糖效果更好。

母牛产后易发生胎衣不下、食滞、乳腺炎和产褥热等，要经常观察，发现病牛，及时医治。

（二）泌乳牛的饲养管理

人们把母牛分娩前1个月和产后70d称作母牛饲养的关键100d，精饲料主要补在这100d，这一时期饲养的好坏，对母牛的分娩、泌乳、产后发情、配种受胎、犊牛的初生重和断奶重、犊牛的健康和正常发育都十分重要。带犊泌乳母牛的采食量及营养需要，是母牛各生理阶段最高的和最关键的。此期热能需要量增加 50%，蛋白质需要量加倍，钙、磷需要量增加 3 倍，维生素 A 需要量增加 50%。母牛的日粮中如果缺乏这些物质，会使犊牛生长停滞，患下痢、肺炎和佝偻病等概率增加，严重时还可损害母牛的健康。为了使母牛获得充足的营养，应给予品质优良的青草和青干草。豆科牧草是母牛蛋白质和钙质的良好来源。为了使母牛获得足量的维生素，可多喂青绿饲料，冬季可加喂青贮饲料、胡萝卜等。

母牛分娩后的最初几天，体力尚未恢复，消化机能很弱，必须给予容易消化的日粮，粗饲料应以优质青干草为主，精饲料最好用小麦麸，每天 0.5 ~ 1.0kg，逐渐增加，并加入其他饲料，3 ~ 4d 后可转为正常日粮。母牛产后恶露没有排净之前，不可喂过多精饲料，以免影响生殖器官的恢复和产后发情。

三、空怀母牛的饲养管理

（一）空怀母牛的饲养管理

空怀母牛的饲养管理主要是围绕提高发情率、受胎率，充分利用粗饲料，降低饲养成本而进行的。繁殖母牛在配种前应具有中上等膘情，过瘦过肥往往影响繁殖。在日常饲养管理工作中，倘若喂给过多的精饲料而又运动不足，易使牛过肥，造成不发情。在肉用母牛的饲养管理中，这是最常出现的，必须加以注意。但如饲料缺乏，母牛瘦弱，也会造成母牛不发情而影响繁殖。实践证明，如果母牛前一个泌乳期内给以足够的平衡日粮，管理周到，能提高母牛的受胎率。瘦弱母牛配种前 1 ~ 2 个月加强饲养，适当补饲精饲料，也能提高受胎率。

（二）空怀母牛的发情与配种管理

母牛发情，应及时予以配种，防止漏配和失配。初配母牛，发情不明显，应加强观察和管理。经产母牛产犊后 3 周要注意其发情情况，对发情不正常或不发情者，要及时采取措施。一般母牛产后 1 ~ 3 个情期，发情排卵比较正常，随着时间的推移，犊牛体重增大，消耗增多，如果不能及时补饲，母牛往往膘情下降，发情排卵受到影响，因此产后多次错过发情期，则情期受胎率会越来越低。如果出现此种情况，可对症处理。

母牛屡配不孕，应根据不同情况加以处理。造成母牛屡配不孕的原因，有先天和后天两方面。先天不孕一般是由于母牛生殖器官发育异常，如子宫颈位置不正、阴道狭窄、幼稚病、异性孪生的母犊和两性畸形等，先天性不孕的情况较少，在育种工作中淘汰那些隐性基因携带者，就能加以解决。后天性不孕主要是由于营养缺乏、饲养管理不当及生殖器官疾病所致。成年母牛因营养缺乏造成不孕，在恢复正常营养水平后，大多能够自愈。犊牛时期由于营养不良致生长发育受阻，影响生殖器官正常发育而造成不孕，则很难用饲养方法补救。若育成母牛长期营养不足，则往往导致初情期推迟，初产时出现难产或死胎，并且影响以后的繁殖力。

另外，运动和日光浴对增强牛群体质、提高牛的生殖机能有重要作用。畜禽舍内通风不良，空气污浊，有害气体量超标，夏季闷热，冬季寒冷，过度潮湿等极易危害牛体健康，敏感的个体，很快停止发情，因此，改善饲养管理条件十分重要。

四、犊牛的饲养管理

一般把 6 月龄以内的牛称为犊牛。30 日龄以内的犊牛，主要以母乳为营养来源，因此，应把母牛养好。犊牛 15 ~ 20 日龄开始学吃草料，到 4 月龄时，消化能力已接近成年牛，即使不喂奶，也能正常生长发育。提前补草料，控制犊牛吃奶量和吃奶次数，会迫使犊牛多吃草料，促进瘤胃发育，还可提前断奶。

犊牛的饲养管理方法如下。

（一）随母哺乳

随母哺乳即犊牛出生后一直跟随母牛哺乳、采食和放牧。优点是犊牛可以直接采食鲜奶，有效预防消化道疾病，并可节约人力物力。随母哺乳的犊牛成活率高，病少，成本低。缺点是母牛产奶量无法统计，母牛疾病容易传染犊牛，并可能造成犊牛的哺乳量不一致。

犊牛出生后，应诱导母牛舔犊牛被毛上的黏液，以此建立母子关系，有利于母牛子宫收缩，排出胎衣。若不愿舔犊牛，可在犊牛背上撒上麸皮或米糠诱导母牛舔犊牛。气温低于0℃时，可同时用清洁的干草或干布擦干黏液。

犊牛出生后应立即断脐，断跻部位选在距离犊牛腹部10～12cm处。先用两手大拇指和食指配合卡紧剪断的部位，用力揉搓该部位1～2min，然后用消毒后的剪子在揉搓部位的远端剪断，随即把断头浸入5%的碘酒中1min。犊牛称重记录后，扶到母牛处哺乳，并应尽早尽快吃到初乳。初乳是母牛产犊后5～7d内所分泌的乳。如果犊牛出生时母牛已死亡，应尽快把母牛的初乳挤出来，水浴加热到40℃，喂给犊牛；也可用同时产犊的母牛代哺乳。

7日龄以内的犊牛适应环境的能力较差，通常不到户外活动，室温不得低于0℃，并应干燥明亮，无穿堂风，若室温较低可用火墙暖炕或暖气加温，忌直接用煤火取暖。7日龄以后天气暖和时可随母牛到户外活动，15日龄后可随母牛放牧或随犊牛群户外活动。

一般我国非良种黄牛日增重为400～500g，最低日增重不低于250g。良种牛、改良牛和我国地方良种牛日增重应达到600g，最低日增重不低于350g。如日增重低于此值，以后改善饲养条件也难以恢复应有的体重。若母乳严重不足，应对60日龄内犊牛补饲，降低母牛的泌乳负担，促使其早日发情配种，对犊牛则可促进消化器官的发育，尽快补偿早期生长发育的不足。犊牛90日龄以后可减少与母牛的接触，每天相处4～6h，给予自由采食粗饲料和定额精饲料。

（二）人工哺乳

适用于奶牛业淘汰公犊和失去母亲的其他犊牛，也有一些牛场为了利于母牛产奶量提高或哺乳卫生而采用。方法为把母牛的乳挤下后根据需要量人工给犊牛饲喂，需要注意哺乳温度。一些牛场为了节约哺乳成本，根据情况在犊牛吃完初乳后，采用代乳粉和代乳料替代部分或者全部牛乳对犊牛进行哺乳。

五、育成牛的饲养管理

4～6月龄断奶到2.5岁的牛称为育成牛。进入育成期后，公牛与母牛在饲养管理上有所不同，必须按不同年龄生长特点和所需的营养物质进行正确饲养。

（一）6～12月龄

6～12月龄为母牛性成熟期，在此时期，母牛的性器官和第二性征发育很快，体躯向高度和长度两个方向急剧生长。同时，其前胃已相当发达，容积扩大1倍左右。因此，在饲养管理上要求供给足够的营养物质；所喂饲料必须具有一定的容积，才能刺激其前胃的生长。所以对这时期的育成牛，除给予优良的牧草、青干草、青贮料和多汁饲料外，还必须适当补充一些混合精饲料。从9～10月龄开始，可掺喂一些秸秆和谷糠类粗饲料，其比例占粗饲料总量的30%～40%。

（二）13～18月龄

该阶段，育成牛消化器官进一步增大，为了促进其消化器官的生长发育，其日粮应以粗饲料和多汁饲料为主，比例约占日粮总量的75%，其余25%为配（混）合饲料，以补充能量和蛋白质的不足。育成牛阶段精心饲养挑选出来的生长发育好、性情温驯、节省草料而又日增重较快的小母牛，其15～18月龄如果达到成年体重的70%，就可以适时配种。

（三）19～24月龄

19～24月龄的母牛已配种受胎，生长速度缓慢，体躯显著向宽、深发展。如饲养过丰，体内容易贮积过多脂肪，导致牛体过肥，造成不孕。但如果营养过于贫乏，又会使牛体生长受阻，成为体躯狭浅、四肢细高、产奶量不高的母牛。因此，在此期间，应以优质干草、青草、青贮料作为基本饲料，精饲料可以少喂甚至不喂。但到妊娠后期，由于体内胎儿生长迅速，则须补充精饲料，日定额为2～3kg。

育成牛在管理上应与母牛分开，可以栓系饲养，也可围栏饲养。每天应至少刷拭1～2次，每次5min。同时要加强运动，促进其肌肉组织和内脏器官，尤其是心、肺等循环和呼吸系统的发育，使其具备高产母牛的特征。配种受胎5～6个月后，母牛乳房组织处于高度发育阶段，为了促进其乳腺组织的发育，养成母牛温驯的性格，分娩后容易接受挤奶。一般早晚可按摩2次，每次按摩时用热毛巾擦拭乳房，产前1～2月停止按摩。

六、育肥期肉牛的饲养管理要点

（一）饲养

不同种类育肥肉牛，在育肥期间所要求的营养水平也不相同。幼龄牛正处于生长发育阶段，增重的主要部分是肌肉、内脏和骨骼，所以应提高育肥日粮中蛋白质的含量，成年以上的牛，其增重的主要成分是脂肪，所以日粮中蛋白质含量相对可以低些，而能量饲料则应该高些。对粗饲料（特别是秸秆）进行合理的处理，如化学复合处理、酶解处理、盐化处理及青贮等，以提高粗饲料的消化利用率。合理搭配日粮，精、粗饲料多样化，提高适口性，也有利于营养互相补充。正确使用各类添加剂和增重剂，促进育肥。冬季育肥时要加喂适量多汁饲料，以增加牛对干草、秸秆等粗饲料的采食量。

（二）管理

（1）季节　肉牛育肥以秋季最好，其次为春、冬季节。夏季气温如超过30℃，肉牛自身代谢快，饲料报酬低，必须做好防暑降温工作。

（2）去势　近些年研究表明，2岁前采取公牛育肥，则生长速度快，瘦肉率高，饲料报酬高。2岁以上的公牛，宜去势后育肥，否则不便管理，且肉脂有膻味，影响胴体品质。

(3) 驱虫　育肥前要驱虫（包括体内和体外寄生虫），并严格清扫和消毒房舍。常用驱虫药有丙硫咪唑、敌百虫、螨净。

(4) 运动　要尽量减少其活动，以减少营养物质的消耗，提高育肥效果。方法是，每次喂完后，每头牛单木桩拴系或圈在休息栏内，为减少其活动范围，缰绳的长度以牛能卧下为好。

(5) 刷拭　刷拭可增加牛体血液循环，提高牛的采食量，刷拭必须坚持每天1~2次。

(6) 饮水　保持充足、清洁的饮水，冬季水温最好不低于10~20℃。每天3~4次为宜。

(7) 饲喂次数　一般采取每天早、晚各1次的办法。

(8) 饲喂技术　根据肉牛生长发育特点和营养需要，宜采取阶段育肥饲养法。第一阶段为过渡期（观察、适应期），待育肥的牛因长时间、长距离的运输以及草料、气候、环境的变化引起牛体一系列应激反应，通过科学的调整，使其适应新的饲养管理环境，这对催肥期的增重至关重要。前1~2d不喂草料只饮水，适量加盐以调理肠胃，增进食欲；以后逐渐加料，过渡期结束后便可由粗饲料型转为精饲料型。第二阶段为催肥期，采用高精饲料日粮进行强度育肥。

第四节　奶牛饲养管理

一、犊牛的饲养管理

（一）新生犊牛的护理

(1) 清除黏液　犊牛出生后，首先要做的工作是清除口鼻中的黏液，以免影响呼吸。如犊牛已经吸入了黏液，护理人员应将犊牛倒吊起来拍打其胸部，使之吐出黏液。其次是用干净毛巾或清洁干草擦净犊牛体表部位的黏液，以免犊牛受凉，尤其是气温较低时。

(2) 正确断脐　一般情况下，在擦净犊牛体躯后，犊牛会自行锉断脐带，如果不能够自行锉断时，可以人工剪断脐带。

办法是在距犊牛腹部10～12cm处握紧脐带，用手指用力揉搓脐带并挤出脐带中的血液，然后用消毒剪刀剪断脐带，用5%碘酊浸泡脐带断口消毒，不必包扎。一般情况下，脐带在1周左右干燥脱落。

（3）及早哺足初乳　初乳是母牛产犊后5～7d内所产的乳，免疫球蛋白、维生素A和矿物质含量等均比常乳高。初乳具有特殊的生物学特性，是新生犊牛不可缺少的营养品。犊牛出生后要及早让其吃上初乳，最好是在犊牛出生后0.5～1h哺足初乳，第一次喂量最高可达2.0kg，一般为0.75～1.5kg，之后，可按体重的1/8～1/6哺喂。每日分3次喂给，每次间隔时间基本相等。与此同时，奶温应控制在36～38℃，温度低时可以放在热水锅内隔水加热。需注意，温度不宜过高，否则容易烫伤犊牛口腔，另外也容易引起初乳凝固。

（4）初乳的保存与利用　剩余的初乳可进行冷冻或发酵来保存。冷冻的初乳能保存初乳中的抗体活性，是保证奶牛场随时获得高品质初乳的有效措施。冷冻的初乳可用40～50℃的水浴来解冻。

（二）哺乳期犊牛的饲养管理

（1）犊牛的饲养　犊牛饲养中最主要的问题是哺育方法和断奶。采用什么样的方法对犊牛进行哺育，何时断奶，怎样断奶是犊牛饲养的核心。

犊牛出生后的5～7d饲喂初乳，初乳期后饲喂常乳，常乳的哺育一般有两种方法：自然哺乳和人工哺乳。乳用犊牛一般采用人工哺乳方法。人工哺乳既可人为地控制犊牛的哺乳量，又可较精确地记录母牛的产奶量，同时可避免母子之间传染病的相互传播。目前，乳用犊牛的人工哺乳方法常采用全乳限量哺育法。

全乳限量哺育法，采用常乳哺育犊牛，但对哺乳量进行控制，并让犊牛尽早采食固体饲料。此法既可保证犊牛有一定的增重速度，又可降低培育成本，促进犊牛瘤胃的发育，为以后提高生产性能打下基础。哺乳量的限制程度视固体饲料的质量，犊牛饲养管理水平和鲜奶市场价格而定。

一般情况下，初乳期为5~7d，饲喂初乳，日喂量为体重的8%~10%，日喂3次。初乳期过后，转为常乳饲喂，日喂量为犊牛体重的10%左右，日喂2次。目前，大多哺乳期为2个月左右，哺乳量约300kg。比较先进的奶牛场，哺乳期为45~60d，哺乳量为200~250kg。初乳期过后开始训练犊牛采食固体饲料，根据采食情况逐渐降低犊牛哺乳量，当犊牛精饲料的采食量达到1.0~1.5kg时即可断奶。

哺喂犊牛时，应注意定时、定量、定温。奶温应在38℃左右，喂奶速度一定要慢，最好采用带奶嘴的奶桶喂奶，以避免部分乳汁流入瘤网胃，引起消化不良。

（2）独栏圈养　犊牛出生后应及时放入保育栏内，每牛一栏隔离管理，15日龄出产房后转入接畜禽舍犊牛栏中集中管理。目前，一般多采用户外犊牛栏培育犊牛。户外犊牛栏多建于背风向阳、地势高、排水良好的地方。户外犊牛栏由轻质板材组装而成，可随意拆装移动。每头犊牛单独一栏，栏与栏之间相隔一定的距离。

（3）植物性饲料的饲喂　犊牛出生后1周即可训练采食干草，生后10d左右训练采食精饲料。训练犊牛采食精饲料时，可用大麦、豆饼等精饲料磨成细粉，并加入食盐拌匀，每天15~25g，用开水冲成糊粥，混入牛奶中饮喂或抹在犊牛口腔处，教其采食，几天后即可将精饲料拌成半湿状放在奶桶内或饲槽里让犊牛自由舔食。少喂多餐，做到卫生、新鲜，喂量逐渐增加，至1月龄时每日可采食1kg左右甚至更多。刚开始训练犊牛吃干草时，可在犊牛栏的草架上添加一些优质柔软的干草让犊牛自由舔食，为了让犊牛尽快习惯采食干草，也可在干草上洒些盐水。喂量可逐渐增加，但在犊牛没能采食1kg混合精饲料以前，干草喂量应适当控制，以免影响混合精饲料的采食。青贮饲料由于酸度过大，过早饲喂青贮饲料会影响瘤胃微生物区系的正常建立。同时，青贮饲料蛋白含量低，水分含量较高，过早饲喂也会影响犊牛营养的摄入。犊牛一般从4月龄开始训练采食青贮，但在1岁以内青贮料的喂量不能超过日粮干物质的1/3。

在早期训练采食植物性饲料的情况下，6～8周龄的犊牛前胃发育已达到相当程度，这时即可断奶。为了使犊牛能够适应断奶后的饲养条件，断奶前两周应逐渐增加精、粗饲料的喂量，减少奶量的饲喂。每日喂奶次数可由3次改为2次，而后再改为1次。在临断奶时，还可喂给掺水牛奶，先按1∶1喂给掺温水的牛奶，以后逐渐增加掺水量，最后全部用温水来代替牛奶。

（4）编号、称重、记录　犊牛出生后应称出生重，对犊牛进行编号，对其毛色花片、外貌特征（可对犊牛进行拍照）、出生日期、谱系等情况做详细记录。以便于管理和以后在育种工作中使用。

在奶牛生产中，通常按出生年度序号进行编号，既便于识别，同时又能区分牛年龄。序号一般于每年1月1日，从001号（0位数的设置可根据牛群规模而定）开始编，在序号之前，冠以年度号。例如，2009年出生的第一头犊牛，即可编号为09001号。

标记的方法有画花片、剪耳号、打耳标及书写等数种，其中塑料耳标法是用不褪色的有色笔将牛号写在塑料耳标上，然后用专用的耳标钳将其固定在牛耳朵的中央，标记清晰，目前国内外广泛采用该标记方法。

（5）卫生　犊牛的培育是一项细致而又十分重要的工作。犊牛的饲养环境、畜禽舍、牛体以及用具卫生等，均有比较严格的管理措施，以确保犊牛的健康成长。

牛栏及牛床均要保持清洁干燥，铺上垫草，做到勤打扫、勤更换垫草。牛栏地面、木栏、墙壁等都应保持清洁、定期消毒。舍内要有适当的通风装置，保持舍内阳光充足，通风良好，空气新鲜，冬暖夏凉。禁止将犊牛放入阴、冷、湿、脏和忽冷、忽热的畜禽舍饲养。

饲料要少喂勤添，保证饲料新鲜、卫生。每次喂奶完毕，用干净毛巾将犊牛口、鼻周围残留的乳汁擦干，并继续在颈枷上夹住约 15min 后再放开，以防止犊牛之间相互吮吸，造成"舐癖"。"舐癖"的危害很大，可造成被舔的犊牛脐炎、乳头炎或睾丸炎，以致丧失其种用价值或降低生产性能。同时，有这种舐癖的犊牛，容易舔吃牛毛，久之在瘤胃中形成许多扁圆形的毛球，这些大小不一的毛球往往堵塞食管、贲门或幽门而致犊牛死亡。

喂奶用具（如奶壶和奶桶）每次使用后都要严格进行清洗消毒，程序为冷水冲洗→碱性洗涤剂擦洗→温水漂洗干净→晾干→使用前用 85℃以上热水或蒸汽消毒。

二、断奶期犊牛的饲养管理

当犊牛每天能采食 1.5～1.8kg 犊牛料时（3～4 月龄），可改为育成牛料。一般犊牛断奶后 1～2 周日增重较低，且毛色缺乏光泽、消瘦、腹部明显下垂，甚至有些犊牛行动迟缓，不活泼，这是犊牛的前胃机能和微生物区系正在建立、尚未发育完善的缘故。随着犊牛采食量的增加，上述现象很快就会消失。

犊牛断奶后进行小群饲养，将年龄和体重相近的牛分为一群，每群 10～15 头。此期也是犊牛消化器官发育速度最快的阶段。据研究，奶牛消化器官的发育主要在 4～6 月龄以前，以后变化不大。因此，要考虑瘤胃容积的发育，保证日粮中所含的中性洗涤纤维不低于 30%，饲养上还要酌情供给优质干草或禾本科与豆科混合干草。同时，日粮中应含有足够的精饲料，一方面满足犊牛的能量需要，另一方面也为犊牛提供瘤胃上皮组织发育所需的乙酸和丁酸。并且要求日粮含有较高比例的蛋白质，长时间蛋白不足，将导致后备牛体格矮小，生产性能降低。日粮一般可按优质干草 1.8～2.2kg，混合精饲料 1.4～1.8kg 进行配制。此阶段的日增重一般要求达到 760g 左右。

三、育成牛的词养管理

（一）育成母牛的饲养

（1）7～15月龄牛的饲养　7～15月龄饲养的主要目的，是通过合理的饲养使其按时达到理想的体形、体重标准和性成熟，按时配种受胎，并为其一生的高产打下良好基础。可让育成牛自由采食优质粗饲料如牧草、干草、青贮等，全株玉米青贮由于含有较高能量，要限量饲喂，以防过量采食导致肥胖。精饲料一般根据粗饲料的质量进行酌情补充，若为优质粗饲料，精饲料的喂量仅需0.5～1.5kg即可；如果粗饲料质量一般，精饲料的喂量则需1.5～2.5kg，并根据粗饲料质量确定精饲料的蛋白质和能量含量，使育成牛的平均日增重达700～800g，14～16月龄体重达360～380kg进行配种。由于此阶段育成牛生长迅速，抵抗力强，发病率低，容易管理，在生产实践中，有些生产单位往往疏忽这个时期育成牛的饲养，导致育成牛生长发育受阻，体躯狭浅，四肢细高，延迟发情和配种，成年时泌乳遗传潜力得不到充分发挥，给生产造成巨大的经济损失。

（2）配种至产犊前育成牛的饲养　育成牛配种后，一般仍按配种前日粮进行饲养。育成牛怀孕至分娩前3个月，由于胚胎的迅速发育以及育成牛自身的生长，需要额外增加0.5～1.0kg的精饲料。如果在这一阶段营养不足，将影响育成牛的体格以及胚胎的发育。但营养过于丰富，将导致过肥，引起难产、产后综合征等。

产前20～30d，将妊娠青年牛移至清洁、干燥的环境饲养，以防疾病和乳腺炎。此阶段可以逐渐增加精饲料喂量，以适应产后高精饲料的日粮。但食盐和矿物质的喂量应进行控制，以防乳房水肿。有条件时可饲喂围产期日粮，玉米青贮和苜蓿也要限量饲喂。

（二）育成母牛的管理

（1）分群　按性别和年龄组群，每群40～50头。将年龄及体格大小相近的牛编在一起，最好是月龄差异不超过 2 个月，活重差异不超过 30kg。

（2）运动和刷拭　在育成期饲养管理中，每天都要刷拭牛体。通过刷拭可以保持牛体清洁，促进血液循环，还可起到调教牛的作用，培养其温驯的性情。每天刷拭 1～2 次。刷拭时要用软刷，手法要轻，使牛有舒适感。

保证每天有一定时间的户外运动，促进牛的发育和保持健康的体形，为提高其利用年限打下良好基础。对于舍饲培育的育成牛，除暴雨、烈日、狂风、严寒、冰雪外，可将育成牛终日散放在运动场。场内设饲槽和饮水池，供牛自由采食青粗饲料和饮水。但要着重注意清除造成流产的隐患，如防止滑倒，上下槽不急赶等。

（3）乳房按摩　从妊娠第 5～6 个月开始到分娩前 15d 为止，每日用温水清洗并按摩乳房 1 次，每次 35min，以促进乳腺发育，并为以后挤奶打下良好基础。

（4）称重、测量体高和体况评分育成母牛的性成熟与体重关系极大，一般育成牛体重达到成年母牛体重的 40%～50% 时进入性成熟，体重达成年母牛体重的 60%～70% 时可进行配种。当育成牛生长缓慢时（日增重不足 350g），性成熟会延迟至 18～20 月龄，影响投产时间，造成不必要的经济损失。通过称重、测量体高可监视育成母牛的生长发育状况，及时调整饲养方案。此外，在生产实践中，还经常用体况评分来评价后备母牛的饲养和管理措施的好坏，因为体况评分能够较好地反映体内脂肪的沉积情况。

在妊娠期间饲喂高能量日粮以促进育成母牛快速生长是比较理想的，因为这一措施保证了胎儿的营养，以及产第一胎时育成母牛的发育。但是，要注意防止肥胖。过于肥胖的育成母牛容易难产，而且产后代谢紊乱发病率高，体况评分是帮助调整妊娠母牛饲喂水平的一个理想指标。

（5）适时配种　育成母牛 16～18 月龄，体重达 350～380kg

时进行配种。一般南方为360kg，北方为380kg。

四、成年泌乳牛的饲养管理

（一）日粮的类型及质量

泌乳母牛的日粮中应该含有高质量的青绿多汁饲料、豆科干草，其所供给的干物质应占日粮干物质的60%左右。舍饲泌乳母牛必须补充优质的青贮、半干青贮、干草和精饲料。粗饲料给量按干物质计算要达到母牛活重的1%～1.5%，而精饲料的给量取决于产奶量的高低，一般为每千克牛奶100～300g。年产乳3 000kg的母牛，日粮中精饲料的比例为15%～20%；3 000～4 000kg的母牛20%～25%；4 000～5 000kg的母牛25%～35%；5 000～6 000kg的母牛40%～50%。当粗饲料的品质优良时，可以取下限，品质不良时必须取上限。

（二）饲喂方法

（1）定时定量，少给勤添　由于长时间养成的条件反射作用，牛在采食以前消化腺即已开始分泌消化液，这对保持消化道的内环境，提高饲料营养物质的消化率极为重要。如果饲喂过早或过晚，都会打乱牛消化腺的活动，影响饲料消化和吸收，所以要定时定量。少给勤添可以保持瘤胃内环境的平衡，使食糜均匀通过消化道，从而提高饲料的消化率和吸收率。

（2）饲料要相对稳定，更换饲料要逐步进行　为了保持高产奶牛正常的生理机能，防止代谢紊乱，选用的饲料要全年保持相对稳定。冬季和夏季日粮变化不宜过于悬殊，青粗饲料要做到：青中有干，干中有青，青干搭配。

（3）饲料清筛，防止异物　喂牛的精、粗饲料在饲喂前要清除饲料中的铁钉、铁片、铁丝、塑料膜、塑料袋、编制网袋、石块和玻璃等杂物，以免造成网胃心包炎和瘤胃与网胃或网胃与瓣胃之间堵塞。此外，还应保持饲料的新鲜和清洁，切忌使用霉烂、冰冻、毒物污染的饲料喂牛。

（4）饲喂次数及顺序　在商品奶牛场，泌乳期产量3 000～

4 000kg 的母牛，可以实行 2 次饲喂制度，4 500kg 以上的母牛实行 3 次饲喂制度。目前国内外大多数实行 2 次饲喂、2 次挤奶的日程。试验表明，每日饲喂 3 次比 2 次可以提高 3.6% 的日粮营养物质的消化率，但却大大地增加了劳动力的消耗。从对产奶量的影响来看，由于挤奶间隔时间过长，特别当乳房内乳汁的充满度达其容积的 80% ~90% 时，乳的分泌就会变慢或者完全停止。但是产奶量不同的牛，乳分泌停止的时间也不一样。中等产奶量的成牛母牛在高峰泌乳期间挤奶后 12 ~ 14h 乳汁分泌停止，而初胎母牛经过 10 ~12h，乳汁分泌停止。乳房发育很好的高产母牛，奶的正常分泌时间持续较长。在牛的饲喂顺序上，一般是先粗后精、先干后湿、先喂后饮的方法。

（三）饮水

水对奶牛极为重要。奶牛饮水量较大，牛奶中含水 87% 以上。据报道，日产奶 50kg 左右的高产牛，每天需水 100 ~ 140kg，低产牛需水 60 ~75kg，干奶牛需水 35 ~55kg。饮水不足，既影响产奶量，又影响奶牛反刍消化、吸收和健康。给予良好的饮水条件，不仅有利健康，而且还能提高 4% ~10% 产奶量。在奶牛的运动场设饮水槽，自由饮水。对高产奶牛还要全年坚持饮混合料水，即在水中少量掺入糖渣、精饲料、豆饼、食盐等。冬季要饮温水。

（四）放置盐槽

牛奶中含有各种矿物质和微量元素，加上土壤和饲料中某些元素的含量变化很大，因此奶牛经常出现“异食癖”。为了预防这种现象，可以在运动场中放置配合有各种矿物质元素的盐槽，可吊挂一些“舔砖”，让牛自由舔食。

（五）运动和刷拭

奶牛在舍饲期间，产奶量平稳以后，每天要有适当的运动。如运动不足牛体易肥，会降低其产奶量和繁殖力。另外，运动不足易降低母牛对外界环境的适应能力，并且由于光照不足和缺少运动而使母牛易患骨质疏松症和肢蹄病的概率增加。所以，每天应坚持2～3h的驱赶或自由运动。经常刷拭，对保持牛体清洁卫生、调节体温、促进皮肤新陈代谢和保证牛奶卫生均有重要意义。每天应坚持刷拭1～2次。夏季以洗刷为主，用水冲洗牛体，既有助于皮肤卫生，又有防暑降温作用，有利于产奶量的提高。

（六）乳房按摩及挤奶

挤奶是饲养奶牛的一项重要的技术。在正常的饲养和管理条件下，正确而熟练的挤奶技术不仅能够充分发挥奶牛潜力，使母牛高产稳产，获得量多质优的牛奶，而且可以预防乳腺炎的发生。充分的乳房按摩能帮助奶牛充分排乳，可以提高产奶量。同时，可以减少乳房中乳的残留，有效地防止乳腺炎的发生。对已患有乳腺炎的牛进行热敷按摩，能有效地缓解症状，促进病情的好转。

（七）护蹄

防止牛肢蹄疾病，应使牛床干燥，勤换垫草，运动场应干燥不泥泞，并对牛洗蹄（硫酸铜溶液等）和修蹄，对奶牛要经常放牧，锻炼肢蹄。

（八）创造良好的空气环境

0～21℃对荷斯坦牛无大影响，一般以6～8℃为宜，高温低湿，低温低湿都影响奶牛热调节，影响产奶量，30℃以上影响更大。所以，7—8月要防暑降温，冬季要防寒保温。

第五节　牛的疾病防治

一、口蹄疫

是由口蹄疫病毒引起的牛、羊等偶蹄动物的一种急性、发热性、高度接触性传染病。有A型、O型、C型、南非Ⅰ型、南非Ⅱ型、南非Ⅲ型、亚洲Ⅰ型7个血清型。病毒对外界的抵抗力强，主要经消化道和呼吸道传染。本病发病没有严格的季节性，一年四季均可发生。本病发病率高，农业部规定为一类传染病。

【症状】潜伏期一般2～4d，最长可达1周。病初患牛体温升高达40～41℃，精神委顿、食欲减退、反刍迟缓、闭口、流涎，开口时有吸吮声，1～2d后，在唇内面、齿龈、舌面和颊部黏膜出现蚕豆大、核桃大的水疱。初期水疱无色透明或淡黄色，常挂满嘴边，采食、反刍停止。水疱破溃后形成边缘整齐、浅表红色的糜烂。水疱破裂后，体温恢复正常，精神好转，糜烂逐渐愈合形成瘢痕。

口腔发生水疱的同时或稍后，趾间、蹄冠及乳头出现红肿、疼痛、迅速发生水疱，并很快破溃形成糜烂，随后逐渐愈合。蹄部水疱易继发感染，发生化脓、坏死，形成溃疡，患肢跛行，重者蹄匣脱落。

犊牛口蹄疫，多数看不到特征水疱，主要表现为出血性胃肠炎和心肌炎，致死率高。

【防治】春、秋两季注射口蹄疫疫苗，不从疫区购进动物及其产品。一旦发现疫情立即封锁、消毒，按程序向上级兽医主管部门报告，对病畜扑杀做无害化处理，对污染物严格消毒等。

二、蓝舌病

蓝舌病是以昆虫为传播媒介的反刍动物的一种病毒性传染病，以口腔、鼻腔和胃黏膜发生溃疡性炎症变化为特征。本病1876年发现于南非的绵羊，1906年定为蓝舌病，1943年发现于牛。

牛多为隐性感染。本病主要是通过库蠓传播，公牛感染后，可通过交配、人工授精传染给母牛。感染母牛可通过胎盘传染给胎儿。本病发生有严格的季节性，其发生和分布与库蠓的分布、习性和生活史密切相关，多发生在湿热的夏季和早秋，特别是池塘、河流较多的低洼地区。

【症状】潜伏期3～8d，病初体温高达40.5～41.5℃，稽留热5~6d，主要症状是流涎，口唇水肿，水肿可蔓延至面部和耳部，甚至颈部、腹部。口腔黏膜充血后发绀，呈青紫色。几天后，口腔、唇、龈颊、舌黏膜糜烂，吞咽困难，随着病情恶化，口腔发臭，鼻流炎性分泌物，鼻孔周围结痂引起呼吸困难和鼾声，有时伴发蹄冠、蹄叶炎症，呈跛行；有时还有腹泻、便秘或下痢带血。病程一般6~14d，发病率30%~40%，病死率2%~3%，有时可高达90%，患病不死者10~15d痊愈，6~8周蹄部可恢复。

【防治】可根据临诊症状对症治疗，如抗病毒药、干扰素、白细胞介素-2等。

三、流行热

牛流行热又称三日热或暂时热，是由牛流行热病毒引起的一种急性、热性传染病，其临诊特征是突发高热，流泪，流涎，鼻漏，呼吸促迫，后躯强拘或跛行。该病多为良性经过，发病率可高达100%，但病死率低，一般只有1%~2%，2~3d即可恢复。该病流行具有明显的周期性、季节性和跳跃性。由于发病率高，发病后严重影响牛的产奶量、出肉率以及役用牛的使役能力，且流行后期部分病牛因瘫痪常被淘汰，故对养牛业的危害相当大。

该病毒对外界的抵抗力不强，对热敏感，常用消毒药均可将其灭活。

【症状】潜伏期为2~11d，一般为3~7d。病牛突然发病，体温升高达39.5~42.5℃，以持续24~48h的单相热、双相热和三相热为特征。病牛精神沉郁，目光呆滞，反应迟钝，食欲减退，反刍停止，流泪，畏光，眼结膜充血，眼睑水肿；多数病牛鼻腔流出浆液性或黏液性鼻涕；口腔发炎、流涎，口角有泡沫；心跳和呼吸加快，呈明显的腹式呼吸，并发出哼哼声。病牛运动时可见四肢强拘、肌肉震颤。有的患病牛四肢关节浮肿、变硬、疼痛，病牛步态僵硬（故名僵直病），有的出现跛行，常因站立困难而卧地不起。触诊病牛体温不整，特别是角根、耳、肢端有冷感。有的病牛出现便秘或腹泻，发热期尿量减少，尿液呈暗褐色，混浊。妊娠母牛可发生流产、死胎。泌乳牛泌乳量下降或停止。多数病例为良性经过，病程3～4d，很快可恢复。病死率一般不超过1%，但部分病牛常因跛行或瘫痪而被淘汰。

【防治】根据本病的特点，一旦发生该病应及时采取有效的措施。发现病牛，立即隔离，严格封锁、彻底消毒，杀灭场内及其周围环境中的蚊蝇等吸血昆虫，防止该病蔓延和传播。

每年春天和夏天分别接种牛流行热灭活疫苗进行预防，利用药物和器械两种方式杀灭蚊、蝇、蠓等吸血昆虫，加强消毒，切断本病传播途径。

本病尚无特效的治疗药物。发现病牛，病初可根据具体情况酌用退热剂、强心剂等药物；治疗过程中适当用抗生素类药物防止并发症和继发感染，同时可用中药辨证施治。经验证明，该病流行期间，早发现、早隔离、早治疗，消灭蚊蝇可减少该病蔓延。自然病例恢复后，病牛在一定时期内具有免疫力。

四、牛伪狂犬病

伪狂犬病是由伪狂犬病毒（PRV）引起的家畜和多种野生动物的一种急性传染病。除猪以外的其他动物发病后通常具有发热、奇痒及脑脊髓炎等典型症状，且均为致死性感染，但呈散发形式。该病于1813年发现于美国牛群，因其症状和狂犬病相似，故称为伪狂犬病。目前本病广泛分布于世界各地。

病牛、带毒牛以及带毒鼠类为本病重要传染源，猪是PRV的原始宿主和储存宿主。自然感染病例多经鼻腔和口腔感染，也可通过交配、精液、胎盘传播；被伪狂犬污染的工作人员和器具、吸血昆虫等也可传播本病。牛可因接触病猪而感染，但病牛之间不会传染。

伪狂犬病多发生在寒冷的冬、春季，具有一定的季节性。

伪狂犬病毒对动物的致病作用与年龄、毒株、感染量以及感染途径等有关。

【症状】潜伏期一般为3～6d，牛对本病特别敏感，感染后病程短、死率高。病畜主要表现呼吸加快，体温升高达41.5℃，精神沉郁，肌肉震颤，目光呆滞。体表任何病毒增殖部位奇痒，并因瘙痒而出现各种姿势。如鼻黏膜受感染，则用力摩擦鼻镜和面部；结膜感染时，以蹄子拼命搔痒，甚至造成眼球破裂塌陷；有的呈犬坐姿势，使劲在地上摩擦肛门和阴户；有的在头颅、肩胛、胸壁、乳房等部位发生奇痒，奇痒部位因强烈搔痒而脱毛、水肿，甚至出血；还可能出现某些神经症状如磨牙、流涎、强烈喷气、狂叫、转圈、运动失调，甚至神志不清，但无攻击性，后期多因为麻痹而死亡。个别病例无奇痒症状，数小时后死亡。该病的死亡率很高，接近100%。

【防治】加强饲养管理及检疫。防止野生动物进入健康动物群是控制伪狂犬病的一个重要措施。严格灭鼠，控制犬、猫、家禽、野鸟及蝙蝠进入圈舍，禁止将牛、羊、猪和犬类混养，控制人员往来。

病牛直接淘汰。健康牛每年秋天定期接种伪狂犬病疫苗(Bucharest株)。本病临诊上容易与狂犬病混淆，注意区别，无条件鉴别可注射狂犬病兽用活疫苗（ERA弱毒株）进行预防。

发病早期可用干扰素对症进行治疗，有一定效果。

五、布氏杆菌病

本病由布氏杆菌引起，是人畜共患疾病，家畜中牛、羊、猪最常发生，且可由牛、羊、猪传染给人，其特征是生殖器官和胎膜发炎引起流产、不孕。本病广泛存在于世界各地。主要通过污染的饲料与饮水而感染，皮肤创伤亦可感染。也可经交配、结膜以及吸血昆虫（库蚊、蜱）的叮咬感染。山羊、绵羊发病与牛相似。

【症状】牛感染此病潜伏期为2周至6个月。母牛最主要的症状是流产、弛张热。流产可以发生在妊娠任何时期，但最常见于妊娠6～8个月。另外，生殖道发生炎症，阴道黏膜有粟粒大结节，由阴道流出灰白色或灰色黏性分泌物。流产时胎水多、清朗，但有时混浊含有脓样絮片。胎衣滞留、流产后排出污灰色或棕红色分泌物，有时恶臭。公畜常见睾丸和附睾肿大，触之坚硬，个别还有关节炎。

【防治】治疗药物首选四环素、金霉素等。每年进行春季和秋季检疫。可采用牛布氏杆菌病活疫苗进行免疫接种。应采取先检后免的方法。

六、结核病

结核病是一种人畜共患的慢性传染病，分为肺结核、骨结核、淋巴结核（老鼠疮）等，往往为地区性流行，尤以奶牛最易感染，黄牛、肉牛等其他动物均可感染。

【症状】潜伏期长短不一，短者十几天，长者数月或数年，牛常发生的为肺结核。病初病牛食欲、反刍无变化，但易疲劳，常发生短而干的咳嗽，尤其是运动或吸冷空气时加重；随后咳嗽加重、气喘；日见消瘦、贫血，体表淋巴结肿大，常见于肩前、股前、腹股沟、颌下、咽及颈下淋巴结等，病情恶化可见于全身淋巴结肿大；胸部听诊可听到摩擦音。肠道结核多见于犊牛，表现为消化不良、食欲不振、顽固性下痢、迅速消瘦等。孕畜表现为流产；公畜低热，副睾丸肿大，阴茎前部发生结节、糜烂等。

【防治】结合临诊症状综合判断，或在牛颈部上1/3处（3月龄以内的犊牛可在肩胛部）皮内注射结核菌素进行变态反应试验，阳性检出率95%～98%。

加强对牛群的检疫工作，特别是对污染牛群应反复检疫。阳性牛治疗价值不高，应淘汰。治疗可选用链霉素、异烟肼、利福平等抗结核药。

七、附红细胞体病

附红细胞体病简称附红体病，为人畜共患传染病，以贫血、黄疸和发热为特征。我国 1981 年首次在家兔中发现，后陆续在牛、羊、猪等家畜中检测到附红体。在人群中也证实了附红体的存在。

【症状】疾病早期，感染动物一般没有明显变化，饮食正常，多呈隐性经过，潜伏期 2～4d。病牛主要临诊症状为发热、食欲不振、精神萎靡、黏膜黄染、贫血、血红素下降，病程长短不一，严重者出现死亡。

【防治】根据临诊症状可做出初步诊断，确诊需要依靠实验室检查。涂片镜检：直接鲜血压片、镜检，镜下可观察到红细胞破裂如齿轮状，周围有圆形的附红体。

饲料中拌入钩吻末、青蒿素预防本病。治疗可首选血虫净(贝尼尔)、长效土霉素、强力霉素等。预防本病首先做好针头、注射器的严格消毒工作，做到一畜一针头。

八、链球菌病

链球菌病是由 β－溶血型链球菌引起的多种人畜共患病的总称，动物链球菌病中以猪、牛、羊、马、鸡较常见，近年来水貂、牦牛、兔和鱼类也有发生链球菌的报道。3 周内的犊牛最易感染牛肺炎型链球菌，主要经呼吸道和受伤的黏膜感染，幼畜断脐时处理不当可引起感染。本病流行有明显的季节性，多在每年 10 月到翌年 4 月发生，这是由于气候干燥、风大雪少、病菌飞扬易于感染，5 月后减少，乃至消失。

【症状】最急性病例，病程短仅有几小时，病初全身虚弱，不愿吃奶，发热、呼吸困难，眼结膜发绀，心脏衰弱，出现神经系统紊乱，四肢抽搐、痉挛，常呈急性败血型经过，几小时内死亡。如病程延长 1～2d，鼻镜潮红，流脓性鼻汁，结膜发炎，消化不良伴有腹泻，有的发生支气管炎、肺炎伴有咳嗽，呼吸困难，共济失调，肺部听诊有啰音或捻发音。

【防治】牛目前尚无疫苗进行预防注射。药物可选用磺胺间甲氧嘧啶、磺胺六甲氧嘧啶、磺胺对甲氧嘧啶、林可霉素、先锋霉素等。

九、瘤胃积食

瘤胃积食是前胃收缩力减弱，采食大量难于消化的饲草或容易膨胀的饲料而引起的疾病。可能由于长期喂单一饲料而突然变换为优质适口的饲料，或因过度饥饿而贪食暴饮而引起积食，也有因采食过多精饲料及易膨胀的饲料，如豆类、干甘薯藤等。本病常继发于瘤胃弛缓、瓣胃阻塞、创伤性网胃炎、真胃炎和热性病等。

【症状】病初病畜表现轻微腹痛，呻吟，四肢集于腹下或开张，拱背，摇尾或后肢踢腹或时时回视腹部，起卧不安，鼻镜干燥，食欲、反刍、嗳气都减退，重者完全停止。病畜腹围膨大，因瘤胃积食压迫腹肌，引起呼吸困难，黏膜呈蓝紫色。触诊瘤胃坚实，内容物呈面团状或硬固如板状，拳击压痕消失缓慢，后期压迫瘤胃有痛感。叩诊瘤胃呈浊音。直肠检查感觉粪便干硬或无粪而完全空虚。随着病情加重，病畜四肢无力，卧地不起，呈昏迷状态，如不及时治疗可因脱水、中毒、衰竭或窒息而死亡。

【防治】治疗可口服健胃消食散或食用油、液状石蜡等。肌内注射新斯的明或毛果芸香碱。

十、瓣胃阻塞

瓣胃阻塞是由于前胃弛缓，瓣胃收缩力减弱，内容物充满而干涸，致使瓣胃扩张、坚硬、疼痛，导致严重消化不良的疾病。

【症状】瓣胃阻塞常伴发有瘤胃积食、膨胀及前胃弛缓的症状。病初症状不太明显，病牛主要表现精神沉郁，食欲减退，反刍减少，继而鼻镜干燥有的龟裂，口干有黄色舌苔、口臭，耳根、角根温热。食欲、反刍严重减退或完全废绝，四肢无力，喜卧。排粪次数减少，便秘，粪便干黑如算盘珠样。由于瓣胃阻塞，继发肠弛缓，肠音减弱，由于肠内容物腐败发酵，排出褐黑色稀粪，恶臭难闻。尿少或无尿，尿色黄红而黏稠。病的后期，可发生瓣胃小叶坏死和败血症。

【防治】加强饲养管理，不要长期饲喂粉碎的饲料，注意饲料清洁，不要混入泥沙。多给饮水和多汁饲料，在饮水中加入少量食盐。

发病时应首先禁食，但供充足的饮水，并同时治疗：瓣胃内注射25% ~30%的硫酸钠溶液300 ~700ml，每天1次，可连用2 ~3次；也可交替注入液状石蜡300 ~500ml。轻症可选用下列方法：硫酸钠（硫酸镁）300 ~500g、番木鳖酊15 ~30ml、液状石蜡500 000ml加水混合，一次灌服；硫酸钠500 ~800g、大黄末50 ~ 80g、鱼石脂15 ~ 30g、槟榔末30 ~ 50g、液状石蜡1 000 ~1 500ml加水500 ~1 000ml，混合后一次灌服。人工盐300 ~ 500g、食盐30 ~ 50g、马前子末3 ~ 5g，加温水3 000 ~8 000ml，混合一次灌服。食用油500 ~800ml、白酒30 ~80ml、温水3 000 ~5 000ml，混合一次灌服。心、肺无显著变化情况下，可皮下注射3%盐酸毛果芸香碱24ml。

十一、创伤性网胃心包炎

创伤性网胃心包炎是由异物刺入网胃壁，进而穿过网胃壁、膈肌进入心包引起的网胃炎和心包炎。以肘肌震颤，下坡和左转弯困难为特征。牛采食速度快，咀嚼吞咽很不细致，将混入饲料的尖锐异物，如铁钉等吃进瘤胃内落入网胃。由于网胃体积小而收缩力很强及特殊蜂巢结构，易使尖锐异物损伤胃壁，甚至穿入心包造成此病。

【症状】若异物仅刺入网胃黏膜而未引起明显的炎症变化时，病畜仅有轻微的前胃弛缓症状。若异物穿透网胃进入横膈膜时，则前胃弛缓症状明显，病畜突然食欲减退或不食，瘤胃蠕动减弱，其内常蓄积一些气体。病畜粪便粗糙，精神沉郁，前半身被毛竖立，鼻镜干燥，下坡转弯和卧下不能自如，站立时头颈伸长，肘关节向外撑开，肘震颤，后肢集于腹下，拱背。用双手将鬐甲部的皮肤捏紧向上提起或用拳头短促地压迫剑状软骨部，病畜疼痛敏感并发出特殊的呻吟声。

【防治】加强饲养管理，防止饲草（料）混有异物，在牛栏周围不要乱丢铁丝、铁钉等异物。用磁性吸铁器，每隔1～2个月吸取1次瘤胃内的金属异物，防止异物刺入胃壁伤及心脏。

十二、腐蹄病

腐蹄病由于牛的饲养管理不当，日粮不平衡，病原微生物侵入感染所致，最常见的病原微生物有坏死杆菌、结节状拟杆菌、化脓性棒状杆菌、产黑色素拟杆菌、葡萄球菌和链球菌。促使发病的诱因有畜禽舍潮湿、运动场泥泞、粪便不及时清除，使蹄长期浸泡在粪便、泥水中而软化；运动场内不平，有炉渣、石子、瓦砾、玻璃碎片、铁丝、铁钉而刺伤蹄软组织而发炎。

【症状】跛行、疼痛，局部检查趾间皮肤红、肿、敏感，蹄冠呈红色、暗紫色，肿胀、疼痛，体温升高至40～41℃，形成坏死组织、脓肿或瘘管，向外流出呈微黄或灰白色具有恶臭的脓汁，严重者蹄壳脱落。

【防治】修蹄、应用抗生素、解除酸中毒。清除坏死病灶，经常用硫酸铜溶液药浴，每周1次，以防腐蹄病。

十三、氢氰酸中毒

氢氰酸中毒是由于牛采食或饲喂含氰苷配糖体的植物及其籽实而引起。当牛采食咀嚼后咽入瘤胃中，在微生物群发酵下，可继续释放氢氰酸，使之增加而诱发中毒。

【症状】当牛采食这些饲草饲料后，发病较快，病牛先兴奋后转为沉郁，口角流出大量带有白色泡沫状的涎水，呻吟，磨牙，胃出现不同程度的鼓气；全身虚弱，体温下降，心搏动减弱，脉性细小，呼吸浅表，可视黏膜呈鲜红色，瞳孔散大，视力减退，眼球震荡，肌肉震颤，步态蹒跚，后肢麻痹，不能负重，卧地不能站立，角弓反张，往往发出吼叫而迅速死亡。

【防治】禁止牛采食含氰苷配糖体植物、饲料，如油桃、梨、梅、杏、琵琶、樱桃等的茎、叶、种子，南瓜藤、木薯及其嫩叶，亚麻籽及其饼粕，尤其是红三叶草和高粱、玉米及其再生苗等。

治疗可静脉滴注0.5%～1%亚硝酸钠液1ml/kg，并随即静脉注射5%～10%硫酸钠2ml/kg。应用亚甲蓝、维生素C、硫胺素、维生素B_{12}等制剂治疗，也有一定的效果。也可用3%过氧化氢100ml与10%的葡萄糖溶液900ml，制成注射液，进行静脉滴注（每头剂量）。辅助治疗：高锰酸钾2g与水4 000ml配成0.05%溶液灌服。

十四、佝偻病

佝偻病是机体内钙、磷摄入量不足或代谢障碍，致使骨组织发生进行性缺钙，骨质疏松、软化、肿胀及骨骼纤维化和成骨不全的全身慢性疾病，发生在成年家畜的叫骨软症，发生于幼畜的叫佝偻病。长期饲喂单一饲料，饲料中钙、磷含量不足或比例不当及机体钙、磷代谢障碍，是本病发生的主要原因。此外，维生素D缺乏，运动不足，阳光照射少，慢性胃肠病也可促进本病的发生。

【症状】病初呈现慢性消化障碍，病畜舔食异物，咀嚼缓慢，日久逐渐消瘦。由于骨质软化和关节肿胀疼痛，病畜站立困难，卧多立少。步行小心而不稳，并出现时轻时重的跛行。随着病情发展，病畜四肢、骨盆、脊柱、肋骨及头骨弯曲变形，尤其肋骨末端明显，常呈串珠状肿。骨质脆弱易折断，病的末期，卧地不起。

【防治】改善饲养管理，多喂多汁饲料，同时适当补给骨粉及矿物质元素，特别对妊娠期和哺乳期（奶牛泌乳期）的母畜更应当注意。

补充钙，10%氯化钙100～150ml或10%葡萄糖酸钙液

500～3 000ml，一次静脉注射，隔2天1次，连用2～3次。如病情不太严重，可用碳酸钙500g、磷酸氢钙500g、碳酸氢钠250g、小茴香250g、食盐250g混合后，每次20～30g混入饲料中内服，每天2次。促进钙的吸收，内服鱼肝油100ml，每天1次，或肌内注射维生素D_2（骨化醇）5～10ml，连用7d。

病畜跛行严重时，可用10%水杨酸钠150～200ml与自家血液150～200ml混合后，一次静脉注射，每天1次，连用3～4d。如心脏不好时可用强心药物配合治疗。

十五、低镁血症

低镁血症是一种复杂的代谢紊乱症，血液和脑脊液的含镁量降低，导致兴奋性增高、肌肉痉挛、惊厥和死亡。常发于成年泌乳牛或母肉牛，严重病例数小时内死亡。

【症状】荷斯坦母奶牛在挤奶时卧地不起，伸肌痉挛。注意：该牛眼睛凝视，瞳孔扩张，口吐白沫，皮毛浸湿。头和后肢伸肌痉挛，头和前肢猛烈划动。轻症的病例步态僵硬，对触动和声音过敏，尿频。应激和不良气候可促进本病发生。本病在镁缺乏或钾高的牧场易发生。低钙血症可使病情恶化。

【防治】鉴别诊断：应与低钙血症、脑炎、李氏杆菌病、酮病加以区别。

治疗可采用措施包括镇静（以控制痉挛和防止心跳停滞）和皮下或静脉注射25%硫酸镁溶液（小剂量）。高镁血症时加硼葡萄糖酸钙。

预防可采用保持摄入适量的镁，可通过草场管理，给予缓冲性饲料或饮水中加入镁盐。

十六、乳腺炎

急性乳腺炎在整个泌乳期都可能发生，但以产犊后的最初几周最为常见。可能是干乳期隐性乳腺炎的复发。大多数病例，产生毒血症的过急性乳腺炎起因于肠杆菌感染。同样，急性乳腺炎也经常涉及环境性的病原微生物，诸如大肠杆菌或链球菌。

急性乳腺炎如治疗不及时或治疗不妥时间过长，免疫机能下降并继发感染无乳链球菌、停乳链球菌、乳房链球菌、化脓性隐秘杆菌以及其他细菌可导致慢性乳腺炎。

【症状】急性乳腺炎最显著的体征就是患病乳区出现增大、硬固、灼热和疼痛。有些病例在患病乳区和乳头表面可见严重的棕褐色的排出物，在病乳区的剖面上，可见乳池和乳导管黏膜的深红色炎症区域。该乳区有显著的皮下水肿，乳头顶部的皮肤充血，这种变化可引起坏疽。乳房实质病灶充满脓汁。病情严重的，最终发生致死性的毒血症。

【防治】根据病情可采用中西药配合治疗效果较好，一定要做到早发现早治疗，一旦延误最佳治疗时机，转入慢性乳腺炎，治疗难度大大增加，甚至无法治愈。

治疗可采用：一种是浙贝 40g、双花 50g、蒲公英 80g、柴胡 60g、青蒿 60g、山楂 60g、紫花地丁 60g、皂刺 50g、甘草 30g。每天 1 服，水煎服。另一种是头孢噻呋钠，肌内注射或静脉滴注加乳房灌注，同时加服中草药。第三种是 30% 林可霉素，肌内注射或静脉滴注，乳房灌注同时加服中草药。

模块五　羊的规模养殖

第一节　羊的品种

一、小尾寒羊

小尾寒羊（图5－1）原属蒙古羊，随着历代人民的迁移，把蒙古羊引入自然生态环境和社会经济条件较好的中原地区以后，经长期选择和培育而成的地方优良品种。小尾寒羊属短脂尾，肉、裘兼用优良品种，具有繁殖力高，生长发育快，产肉性能好等特点。主要产于河北南部、山东西南部、河南东部和东北部，其中以山东西南地区小尾寒羊的质量最好，数量最多。

图5－1　小尾寒羊

小尾寒羊体质结实，四肢长，身躯高大，前后躯均发达，鼻梁隆起，耳大下垂。公羊有角，呈三棱螺旋状，母羊多数有小角或仅有角基。脂尾呈扇形，尾中1/3处有一纵沟，尾尖向上翻紧贴于沟中，尾长在飞节以上。被毛白色占70%，全身有黑、褐色斑或大黑斑者为数少。斑点多集中在口、鼻、眼、耳颈部，蹄为肉色或黑色。2月龄时公羊的胴体重、屠宰率、净肉率分别33.39kg、57.5%和41.83%。小尾寒羊肉质鲜嫩、多汁、没有膻味，肉味浓郁。

二、湖羊

湖羊（图5－2）在太湖平原的育成和饲养已有800多年的历史。由于受到太湖的自然条件和人为选择的影响，逐渐育成的一个独特稀有品种，是我国一级保护地方畜禽品种。为稀有白色羔皮羊品种，具有早熟、四季发情、多胎多羔、繁殖力强、泌乳性能好、生长发育快、有理想产肉性能、肉质好、耐高温高湿等优良性状，分布于我国太湖地区，产后1～2d宰剥的小湖羊皮花纹美观，著称于世。

图5－2 湖羊

湖羊体格中等，公、母均无角，头狭长，鼻梁隆起，多数耳大下垂，公母羊均无角，颈细长，体躯狭长，背腰平直，腹微下垂，尾扁圆，尾尖上翘，四肢偏细而高。被毛全白，腹毛粗、稀而短，体质结实。

羔羊生长发育快，3月龄断奶体重公羔25kg以上，母羔22kg以上。成年羊体重公羊65kg以上，母羊40kg以上。屠宰率50%左右，净肉率38%左右。

湖羊性成熟早，四季发情、排卵，终年配种产羔。在正常饲养条件下，可年产2胎或2年3胎，每胎一般2羔，经产母羊平均产羔率220%以上。

湖羊的繁殖季节一般安排在春季4—5月配种，秋季9—10月产羔，1年1胎。但一部分羊也可适当调整繁殖季节，安排在9—11月配种，翌年2—4月产羔，以实现“1年2胎或2年3胎”。但秋配春产的羊不宜留种，只准用于肉羊生产。

三、波尔山羊

波尔山羊（图5－3）被称为世界“肉用山羊之王”，是优秀的肉用山羊品种。自1995年我国首批从德国引进波尔山羊后，许多省（市、区）也先后引进了一些波尔山羊，并通过纯繁扩群逐步向周边地区和全国各地扩展，显示出很好的肉用特征、广泛的适应性、较高的经济价值和显著的杂交优势。

图5－3　波尔山羊

波尔山羊毛色为白色，头颈为红褐色，颈部存有1条红色毛带，允许有一定数量的红斑。波尔山羊耳宽下垂，被毛短而稀，腿短，四肢强健，体形好，后躯丰满，肌肉多。该品种具有体形大，生长快；繁殖力强，产羔多；屠宰率高，产肉多；肉质细嫩，适口性好；耐粗饲，适应性强；抗病力强和遗传性稳定等特点。波尔山羊性成熟早，成年公、母羊平均体重分别为90～150kg和

65~75kg，羊肉脂肪含量适中，胴体品质好。体重平均41kg的羊，屠宰率为52.4%，未去势的公羊可以达56.2%。

四、杜泊绵羊

杜泊绵羊（图5-4）原产地南非，简称杜泊羊，是以南非土种绵羊黑头波斯母羊作为母本，引进英国有角陶赛特羊作为父本杂交培育而成的肉用品种。无论是黑头杜泊还是白头杜泊，除头部颜色和有关的色素沉着不同外，都携带相同的基因，具有相同的品种特点，是同一品种的两个类型。

图5-4　杜泊绵羊

杜泊羔羊生长迅速，断奶体重大，全年发情不受季节限制，受胎率高。母羊的产羔间隔期为8个月，在饲草条件和管理条件较好情况下，母羊可达到两年3胎。母羊生产具有多胎性，在良好的饲养管理条件下，一般产羔率能达到150%，但初产母羊一般产单羔。发育良好的肥羔，胴体品质优秀，很受市场青睐。3~4月龄的断奶羔羊体重可达38kg，胴体重16kg，肉骨比为（4.9~5.1）:1，屠体中肌肉约占65%，脂肪20%，优质肉占43.2%~45.9%，肉质细嫩可口，被国际誉为钻石级绵羊肉。

五、萨福克羊

萨福克肉羊（图5－5）原产于英国，是世界公认的用于终端杂交的优良父本品种。澳大利亚白萨福克是在原有基础上导入白头和多产基因培育而成的优秀肉用品种。该品种体格大，颈长而粗，胸宽而深，背腰平直，后躯发育丰满，呈桶形，公母羊均无角，四肢粗壮，早熟，生长快，肉质好，繁殖率高，适应性强。

图5－5　萨福克羊

成年公羊体重110～150kg，成年母羊70～100kg，4月龄羔羊56～58kg。繁殖率175%～210%，屠宰率50%以上。我国新疆维吾尔自治区和内蒙古自治区从澳大利亚引入该品种羊，除进行纯种繁育外，还同当地粗毛羊及细毛杂种羊杂交来生产肉羔。

六、无角陶赛特羊

无角陶赛特羊（图5－6）原产于大洋洲的澳大利亚和新西兰，是以雷兰羊和有角陶赛特羊为母本，考力代羊为父本，再用有角陶赛特公羊进行回交，选择所生无角后代培育而成的肉毛兼用半细毛羊。该品种羊具有早熟、生长发育快、繁殖季节长和耐热及适应干燥气候的特点。

图 5－6　无角陶赛特羊

无角陶赛特羊公、母羊都无角，颈粗短，胸宽深，背腰平直，躯体呈现圆桶状，四肢粗短，后躯丰满。被毛白色，面部、四肢及蹄为白色。成年公、母羊体重分别为 90～100kg 和 55～65kg。6 月龄羔羊胴体重为 24.2kg，屠宰率为 54.5%，净肉重 19.14kg，净肉率为 43.1%，其中后腿及腰肉重 11.15kg，占胴体重的 46.07%。

七、夏洛来羊

图 5－7　夏洛来羊

夏洛来羊（图 5－7）产于法国中部的夏洛来丘陵和谷地。

以英国莱斯特羊、南丘羊为父本，与当地细毛羊杂交育成的优良品种。该品种羊具有早熟、耐粗饲、采食能力强的特点，对寒冷潮湿或干热气候均表现较好的适应性。

夏洛来羊的外貌特征为头部无毛，脸部呈粉红色或灰色，额宽，耳大，体躯长，胸深宽，背腰平直，肌肉丰满，后躯宽大，两后肢距离大，肌肉发达，呈“U”形，四肢较短。成年公羊体重为110～140kg，母羊为80～100kg；4月龄育肥羔羊体重为35～45kg，4～6月龄羔羊的胴体重为20～23kg，屠宰率为50%，胴体品质好，瘦肉多，脂肪少。羊毛长度为7.0cm，羊毛细度65～60支。产羔率在180%以上。

八、蒙古羊

蒙古羊（图5－8）是我国数量最多、分布最广的绵羊品种，属短脂尾羊，为我国三大粗毛绵羊品种之一。原产蒙古高原，主要分布在内蒙古自治区。此外，东北、华北和西北各地也有不同数量的分布。

图5－8　蒙古羊

蒙古羊头形略显狭长，鼻梁隆起，耳大下垂；颈长短适中，胸深，背腰平直，四肢细长而强健；短脂尾，尾长一般大于尾宽，尾尖卷曲呈“S”形；体躯被毛多为白色，头、颈和四肢则多有黑色或褐色斑块。公羊多数有角，为螺旋形，角尖向外伸；

母羊多无角或有小角。

蒙古羊的体重按其分布地区而有差别，从东北向西南，体形和体重由大变小。在内蒙古中部苏尼特左旗，蒙群成年公羊平均体重为99.7kg，母羊为54.2kg；在西部阿拉善盟，蒙古羊成年公、母羊的体重分别为47kg和32kg。中等肥度羯羊屠宰率可达50%以上。

第二节 羊的繁殖

现代化的养羊生产中，繁育技术是关键环节之一。通过有效地控制、干预繁育过程，能够按人类的需要与要求有计划地进行生产。

一、羊的生殖器官与生理机能

（一）公羊的生殖器官及生理功能

公羊的生殖器官由睾丸、附睾、输精管、副性腺、阴茎等组成。公羊的生殖器官具有产生精子、分泌雄性激素以及交配的功能。

1. 睾丸

睾丸主要功能是生产精子和分泌雄性激素。睾丸分主右两个，呈椭圆形。它和附睾被白色的致密结缔组织膜（白膜）包围。白膜向睾丸内部延伸，形成许多隔，将睾丸分成许多睾丸小叶。每个睾丸小叶有3~4个弯曲的细精管，称曲细精管，这些曲细精管到睾丸纵隔处汇合成为精直小管，精直小管在纵隔内形成睾丸网。曲细精管是产生精子的地方，睾丸小叶的间质组织中有血管、神经和间质细胞，间质细胞产生雄性激素。成年公羊双侧睾丸重400~500g。

2. 附睾

附睾是储存精子和精子最后成熟的地方，也是排出精子的管道。此外，附睾管的上皮细胞分泌物可供给精子存活和活动所需的营养物质。附睾附着在睾丸的背后缘，分头、体、尾三部分。附睾的头部由睾丸网分出的睾丸输出管构成，这些输出汇合成弯曲的附睾管而形成附睾体和附睾尾。

3. 输精管

输精管是精子由附睾排出的通道。它为一厚壁坚实的束状管，分左右两条，从附睾尾部开始由腹股沟进入腹腔，再向后进入骨盆腔到尿生殖道起始部背侧，开口于尿生殖道黏膜形成的精阜上。

4. 副性腺

包括精囊腺、前列腺和尿道球腺。副性腺体的分泌物构成精液的液体部分。

精囊腺位于膀胱背侧，输精管壶腹部外侧。与输精管共同开口于精阜上。分泌物为淡乳白色黏稠状液体，含有高浓度的蛋白质、果糖、柠檬酸盐等成分，供给精子营养和刺激精子运动。

前列腺位于膀胱与尿道连接处的上方。公羊的前列腺不发达，由扩散部所构成。其分泌物是不透明稍黏稠的蛋白样液体，呈弱碱性，能刺激精子，使其活动力增强，并能吸收精子排出的二氧化碳，有利于精子生存。

尿道球腺位于骨盆腔口“品”处上方，分泌黏液性蛋白样液体，在射精前排出，有清洗和润滑尿道的作用。

5. 阴茎

阴茎是公羊的交配器官。主要由海绵体构成，包括阴茎海绵体、尿道阴茎部和外部皮肤。成年公羊阴茎全长为 30 ~ 35cm。

(二) 公羊的性行为和性成熟

公羔的睾丸内出现成熟的并具有受精能力的精子时，即是公羊的性成熟期。一般公羊的性成熟期为 5 ~ 7 月龄。性成熟的早晚受品种、营养条件、个体发育、气候等因素的影响。

公羊的性行为主要表现为性兴奋、求偶、交配。公羊表现性行为时，常有扬头、口唇上翘，发出连串鸣叫声，性兴奋发展到高潮时进行交配。公羊交配动作迅速，时间仅数十秒。

（三）母羊的生殖器官及生理功能

母羊的生殖器官主要由卵巢、输卵管、子宫、阴道以及外生殖道等部分组成。

1. 卵巢

卵巢是母羊主要的生殖腺体，位于腹腔肾脏的后下方，由卵巢系膜悬在腹腔靠近体壁处，左右各 1 个，呈卵圆形，长 0.5 ~1.0cm，宽 0.3 ~0.5cm。卵巢组织结构分内外两层，外层叫皮质层，可产生滤泡、生产卵子和形成黄体；内层是髓质层，分布有血管、淋巴和神经。卵巢的主要功能是生产卵子和分泌雌性激素。

2. 输卵管

输卵管位于卵巢和子宫之间，为一弯曲的小管，管壁较薄。输卵管的前口呈漏斗状，开口于腹腔，称输卵管伞，接纳由卵巢排出的卵子。输卵管靠近子宫角一段较细，称为峡部。输卵管是精子和卵子受精结合和开始卵裂并将受精卵输送到子宫的地方。

3. 子宫

子宫包括 2 个子宫角、1 个子宫体和 1 个子宫颈。位于骨盆腔前部，直肠下方，膀胱上方。子宫口伸缩性极强，妊娠子宫由于其面积和厚度增加，重量可超过未妊娠子宫的 10 倍，子宫角和子宫体的内壁有许多盘状组织，称子宫小叶，是胎盘附着母体并取得营养的地方。子宫颈为子宫和阴道的通道，不发情和怀孕时子宫颈收缩得很紧，发情时稍微开张，便于精子进入。子宫的生理功能：一是发情时，子宫借肌纤维有节律的、强而有力的收缩作用而运送精液；分娩时，子宫以其强有力的阵缩而排出胎儿。二是胎儿发育生长的地方。三是在发情期前，内膜分泌的前列腺素 F_{2a} 对卵巢黄体有溶解作用，致使黄体机能减退，在促卵泡索的作用下引起母羊发情。

4. 阴道

阴道是交配器官和产道。其前接子宫颈口，后接阴唇，靠外部1/3处的下方为尿道口。阴道是排尿、发情时接受交配、分娩时胎儿产出的通道。

二、发情与发情鉴定

（一）母羊的初情期与性成熟

性机能的发育过程是一个发生、发展至衰老的过程。在母羊性机能发展过程中，一般分为初情期、性成熟期及繁殖机能停止期。

母羊幼龄时期的卵巢及性器官均处于未完全发育状态，卵巢内的卵泡在发育过程中多数萎缩闭锁。随着母羊生长、发育，当达到一定的年龄和体重时，母羊发生第一次发情和排卵，即到了初情期。此时，母羊虽有发情表现，但不完全，发情周期也往往不正常，其生殖器官仍在继续生长发育中。此后，垂体前叶产生大量的促性腺激素释放到血液中，促进卵泡的发育，同时，卵泡产生雌激素释放到血液中，刺激生殖道的生长和发育。绵羊的初情期一般为4～8月龄。我国某些早熟多胎品种如小尾寒羊、湖羊的初情期为4～6月龄。

母羊到了一定年龄，生殖器官已发育完全，具备了繁殖能力，即进入性成熟期。性成熟后，就能够配种、怀胎并繁殖后代，但此时身体的生长发育尚未成熟，故性成熟时并不意味着已达到最适配种年龄。实践证明，幼畜过早配种，不仅严重阻碍其本身的生长发育，而且也严重影响后代体质和生产性能。肉用母羊性成熟一般为6～8月龄。母羊的性成熟主要取决于品种、个体、气候和饲养管理条件等因素。早熟品种的性成熟期较晚熟品种早，温暖地区较寒冷地区早，饲养管理好的，性成熟较早。但是，母羊初配年龄过迟，不仅影响其遗传进展，而且也会影响经济效益。因此，提倡适时配种，一般而言，在其体重达成年体重70%时即可开始配种。肉用母羊适宜配种年龄为10～12月龄，早熟品种、饲养管理条件好的母羊，配种年龄可稍早。

（二）母羊发情和发情周期

1. 发情

母羊能否正常繁殖，往往取定于能否正常发情。正常的发情，是指母羊发育到一定阶段所表现的一种周期性的性活动现象。母羊发情包括3个方面的变化：一是母羊的精神状态，母羊发情时，常常表现兴奋不安，对外界刺激反应敏感，食欲减退，有交配欲，主动接近公羊，在公羊追逐或爬跨时常站立不动。二是生殖道的变化，发情期中，在雌激素的作用下，生殖道发生了一系列有利于交配活动的生理变化，如发情母羊外阴部松弛、充血、肿胀，阴蒂勃起，阴道充血、松弛，并分泌有利于交配的黏液，子宫颈口松弛、充血肿胀并有黏液分泌。子宫腺体增长，基质增生、充血、肿胀，为受精卵的发育做好准备。三是卵巢的变化，母羊在发情前2～3d卵巢的卵泡发育很快，卵泡内膜增厚，卵泡液增多，卵泡部分突出于卵巢表面，卵子被颗粒层细胞包围。

2. 发情持续期

母羊每次发情后持续的时间称为发情持续期，绵羊发情持续期平均约30h，山羊24～48h。母羊排卵一般多在发情后期，成熟卵排出后在输卵管中存活4～8h，公羊精子在母羊生殖道内维持受精能力最旺盛的时间约为24h，为了使精子和卵子得到充分的结合机会，最好在排卵前数小时配种。因此，比较适宜的配种时间应在其发情中期。在养羊生产实践中，早晨试情后，挑出发情母羊立即配种，为保证受胎，傍晚应再配1次。

3. 发情周期

发情周期即母羊从上一次发情开始到下次发情的间隔时间。在一个发情期内，未经配种或虽经配种但未受孕的母羊，其生殖器官和机体发生一系列周期性变化，到一定时间会再次发情。

绵羊发情周期平均 16d（14 ~ 21d），山羊平均为 21d（18 ~ 24d）。

（三）发情鉴定

发情鉴定的目的是及时发现发情母羊，正确掌握配种或人工授精时间，防止误配漏配，提高受胎率。母羊发情鉴定一般采用外部观察法、阴道检查法和试情法等。

1. 外部观察法

绵羊的发情期短，外部表现不太明显，发情母羊主要表现为喜欢接近公羊，并强烈摇动尾部，当被公羊爬跨时站立不动，外阴部分泌少量黏液。山羊发情表现明显，发情母山羊兴奋不安，食欲减退，反刍停止，外阴部及阴道充血、肿胀、松弛，并有黏液排出。

2. 阴道检查法

阴道检查法是用阴道开膣器打开阴道来观察阴道的黏膜、分泌物和子宫颈口的变化从而判断发情与否。发情母羊阴道黏膜充血，表面光亮湿润，有透明黏液流出，子宫颈口充血、松弛、开张并有黏液流出。

进行阴道检查时，先将母羊保定好，外阴部清洗干净。开膣器经清洗、消毒、烘干后，涂上经灭菌的润滑剂或用生理盐水浸湿。工作人员左手横向持开膣器，闭合前端，慢慢插入，轻轻打开开膣器，通过反光镜或手电筒光线检查阴道变化，检查完后稍微合拢开膣器，抽出。

3. 试情法

（1）试情公羊的准备　试情公羊必须是体格健壮、无疾病、性欲旺盛、2 ~ 5 周岁的公羊。为了防止试情时公羊偷配母羊，要给试情公羊绑好试情布，也可做输精管结扎或阴茎移位术。

（2）试情公羊的管理　试情公羊应单圈喂养。除试情外，不得和母羊在一起。试情公羊要给予良好的饲养管理，保持活泼健康。试情公羊每隔 5 ~ 6d 排精或本交 1 次，以保证公羊具有旺盛的性欲。

(3) 试情方法　试情公羊与母羊的比例要合适，以1∶(40~50)为宜。试情公羊进入母羊群后，工作人员不要轰打和喊叫，只能适当轰动母羊群，使母羊不要拥挤在一处。发现有站立不动并接受公羊爬跨的母羊，表示该母羊已发情，要迅速挑出，准备配种。

三、配种方法

（一）配种时间的确定

配种时间的确定，主要是根据不同地区、不同羊场的年产胎次和产羔时间决定。而年产胎次和产羔时间常根据饲草和气候条件决定，一般年产1胎的母羊，有冬季产羔和春季产羔两种，冬季产羔时间在1—2月，需要在8—9月配种，春季产羔时间在3—4月，需要在10—11月配种。两年三产的母羊，第一年5月配种，10月产羔；翌年1月配种，6月产羔，9月配种，翌年2月产羔。对于一年2产的母羊，可于4月初配种，当年9月初产羔，第二胎在10月初配种，翌年3月初产羔。

（二）配种方法

1. 自由交配

自由交配是最简单的交配方式。在配种期内，可根据母羊的多少，将选好的种公羊放入母羊群中任其自由寻找发情母羊进行交配。该法省工省事，适合小群分散的生产单位，若公、母羊比例适当，可获得较高的受胎率。但自由交配存在的缺点是：无法确定产羔时间；公羊追逐母羊，无限交配，不安心采食，耗费精力，影响健康；公羊追逐爬跨母羊，影响母羊采食抓膘；无法掌握交配情况，后代血统不明，容易造成近亲交配或早配，难以实施计划选配；种公羊利用率低，不能发挥优秀种公羊的作用。为了克服以上缺点，应在非配种季节把公、母羊分群放牧管理，配种期内将适量的公羊放入母羊群，每隔2~

3 年，群与群之间有计划地进行公羊调换，交换血统。

2. 人工辅助交配

人工辅助交配是将公、母羊分群隔离饲养，在配种期内用试情公羊试情，有计划的安排公、母羊配种。这种交配方法不仅可以提高种公羊的利用率，延长利用年限，而且能够有计划地进行选配，提高后代质量。交配时间一般是早晨发情的母羊傍晚进行交配，下午或傍晚发情的母羊于第二天早晨配种。为确保受胎，最好在第一次交配后间隔 12h 左右再重复交配 1 次。

3. 人工授精

人工授精是用器械以人工的方法采集公羊的精液，经过精液品质检查和一系列处理，再通过器械将精液输入到发情母羊生殖道内，达到母羊受胎的配种方式。人工授精可以提高优秀种公羊的利用率，与本交相比，所配母羊数可提高数十倍，加速了羊群的遗传进展，并可防止疾病传播，节约饲养大量种公羊的费用。

四、人工授精技术

人工授精技术包括采精、精液品质检查、精液处理和输精等主要技术环节。

（一）采精

采精前应做好各项准备工作，如人工授精器械的准备、种公羊的准备和调教、与配母羊的准备、制订选配计划等。

采精是人工授精的第一步，为保证公羊性反射充分，射精顺利、完全，精液量多而洁净，必须做到稳当、迅速、安全。

采精前选择健康发情母羊作为台羊。台羊外阴部要用消毒液消毒，再用温水洗净擦干。

采精器械必须经过严格消毒，而后将内胎装入假阴道外壳，再装上集精瓶。安装假阴道时，注意内胎平整，不要出现皱褶。为保证假阴道有一定润滑度，用清洁玻璃棒蘸少许经灭菌后的凡士林，均匀涂抹在假阴道内胎的前1/3处。为使假阴道温度接近母羊阴道温度，假阴道注水孔注入42℃温水约160ml，即水量约占内外胎空间的3/4，使假阴道温度保持38～40℃，再通过气门活塞吹入气体，使假阴道保持一定压力。吹入气体的量，一般以内胎内表面呈三角形合拢而不向外鼓出为适度，使假阴道温度、润滑度和弹性接近母羊的阴道，以利于公羊的射精。

采精操作是将台羊保定后，引公羊到台羊处，采精人员蹲在台羊右后方，右手握假阴道，贴靠在台羊尾部，使假阴道入口朝下，与地面成35°～45°。当公羊爬跨时，轻快地将阴茎导入假阴道内，保持假阴道与阴茎呈一直线。当公羊用力向前一冲即为射精，此时操作人员应随同公羊跳下时将假阴道紧贴包皮退出，并迅速将集精瓶口向上，稍停，放出气体，取下集精杯。

（二）精液品质检查

精液品质和受胎率有直接关系，所采精液必须经过检查与评定后方可用作输精。通过精液品质检查，确定稀释倍数和能否用于输精，这是保证输精效果的一项重要措施，也是对种公羊种用价值和配种能力的检验。精液品质检查要求快速准确，取样要有代表性。检精室洁净，室温保持18～25℃。检查项目如下。

1. 外观检查

正常精液为浓厚的乳白色或乳酪色混悬液体，略有腥味。其他颜色或有腐臭味的均不能用来输精。

2. 精液量

用灭菌输精器抽取测量。公羊精液量通常为0.5～2.0ml，一般为1.0ml。

3. 精子活率

精子活率是评定精液质量的重要指标之一，精子活率的测定是检查在37℃左右条件下精液中直线前进运动的精子占总精子数的百分率。检查时用微量移液器取10L，放在载玻片上加盖片，在显微镜下放大300～500倍观察。全部精子都做直线前进运动则评为1，90%的精于做直线前进运动为0.9，以下依此类推。活率在0.7级以上方可适用于输精。

鲜精、稀释后的精液以及保存的精液在输精前都要进行活率检查。

4. 精子密度

密度是指单位体积中的精子数。测定精子密度常用的方法有显微镜观察评定法、计数法以及光电比色计法。

（1）显微镜观察法　取10μl新鲜精液在显微镜下观察，根据视野内精子多少将精子密度分以下几等：一是密：视野中精子稠密、无空隙，看不清单个精子运动。二是中：精子间距离相当于1个精子的长度，可以看清单个精子的运动。三是稀：精子数不多，精子间距离很大。四是无：没有精子。

（2）光电比色法　先将经过精确计算精子数的原精液样本0.1ml加入5.0ml蒸馏水中，混合均匀，在光电比色计中测定透光度，读数记录，做出精子密度表。以后测定精子密度时，只要按上法测定透光度，然后查表就可知道每毫升精子数。目前多采用法国凯苏公司和德国密尼丘布公司生产的全自动高精度精子密度测定仪进行测定，更为准确方便。

5. 精子形态

精液中畸形精子过多，会降低受胎率。如头部过大、过小、双头、双尾、断裂、尾部弯曲和带原生质滴等。

（三）精液的稀释

稀释精液的目的在于扩大精液量，提高优良种公羊的配种效率，促进精子活力，延长精子存活时间，使精子在保存过程中免受各种物理、化学和生物等因素的影响。

人工授精所选用的稀释液要力求配制简单，费用低廉，具有延长精子寿命、扩大精液量的效果，最常见的稀释液有：

1. 生理盐水稀释液

用0.9%生理盐水做稀释液，此种稀释液简单易行，稀释后马上输精，是一种比较有效的方法。此种稀释液的稀释倍数不宜超过2倍。

2. 葡萄糖卵黄稀释液

取100ml蒸馏水中加葡萄糖3.0g，枸橼酸钠1.4g，溶解后过滤灭菌，冷却至30℃，加新鲜去膜卵黄20ml，充分混合。

3. 牛奶（或羊奶）稀释液

牛奶（或羊奶）以脱脂纱布过滤，蒸汽灭菌15min，冷却至30℃，吸取中间奶液即可做稀释用。

各种稀释液中，每毫升稀释液应加入10万IU青霉素和链霉素，调整溶液的pH值为7.0后使用。稀释应在25～30℃温度下进行，稀释后的精液经过检查方可输精。

（四）精液的保存

为扩大优秀种公羊的利用效率、利用时间、利用范围，需要有效地保存精液，延长精子的存活时间。为此必须降低精子的代谢，减少能量消耗。在实践中，可采用降低温度、隔绝空气和稀释等措施，抑制精子的运动和呼吸，降低能量消耗。

1. 常温保存

精液稀释后，保存在20℃以下的室温环境中，在这种条件下，精子运动明显减弱，可在一定限度内延长精子存活时间。常温下精液能保存1d。

2. 低温保存

在常温保存的基础上，进一步降低温度至0～5℃。在这个温度下，物质代谢和能量代谢降到极低水平，营养物质的损耗和代谢产物的积累缓慢，精子运动完全消失。低温保存的有效时间为2～3d。

3. 冷冻保存

家畜精液的冷冻保存，是人工授精技术的一项重大革新，它可长期保存精液。牛精液冷冻已取得了令人满意的效果。但羊的精子由于不耐冷冻，冷冻精液受胎率较低，一般情期受胎率40% ~50%，少数试验结果达到70%。

冷冻精液保存的过程为：稀释、平衡、冷冻、解冻。冷冻方法目前多采用细管冷冻法和颗粒冷冻法。

（五）输精

输精是母羊人工授精的最后一个技术环节。适时而准确地把一定量的优质精液输到发情母羊的子宫颈口内，这是保证母羊受胎、产羔的关键。

1. 输精前的准备

（1）输精器材的准备　输精前所有的器材要消毒灭菌，输精器及开膣器最好蒸煮或在高温干燥箱内消毒，输精器以每只母羊准备1支为宜，当输精器不足时，可将每次用后的输精器先用蒸馏水棉球擦净外壁，再以酒精棉球擦洗，待酒精挥发后再用生理盐水冲洗3 ~5次，才能使用。连续输精时，每输完1只母羊后，输精器外壁用生理盐水棉球擦净，便可继续输精。

（2）输精人员的准备　输精人员穿工作服，手指甲剪短磨光，手洗净擦干，用75%酒精消毒，再用生理盐水冲洗。

（3）待输精母羊准备　把待输精母羊放在输精室，如没有输精室，可在一块平坦的地方进行。母羊的保定：正规操作应设输精架，若没有输精架，可在地面埋上两根木桩，相距1.0m宽，绑上1根5 ~7cm粗的圆木，距地面高约70cm，将输精母羊的两后肢提在横杠上悬空，前肢着地，1次可使3 ~5只母羊同时提在横杠上，输精时比较方便。另一种较简便的方法是由1人保定母羊，使母羊自然站立在地面，输精人员蹲在输精坑内。还可采用两人抬起母羊后肢保定，这也是一种较简便的方法，抬起高度以输精人员能较方便地找到子宫颈口为宜。

2. 输精

输精前将母羊外阴部用来苏尔溶液擦洗消毒，再用水洗擦干净，或以生理盐水棉球擦洗，输精人员将用生理盐水湿润过的开膣器闭合按母羊阴门的形状慢慢插入，之后轻轻转动90°，打开开膣器，如在暗处输精，要用额灯或手电筒光源寻找子宫颈口。子宫颈口的位置不一定正对阴道，子宫颈在阴道内呈一小突起，发情时充血，较阴道壁膜的颜色深，容易寻找，如找不到，可活动开膣器的位置，或变化母羊后肢的位置。输精时，将输精器慢慢插入子宫颈口内0.5~1.0cm，将所需的精液量注入子宫颈口内。输精量应保持有效精子数在7 500万以上，即原精液量需要0.05~0.1ml。有些处女羊，阴道狭窄，开膣器无法充分展开，找不到子宫颈口，这时可采用阴道输精，但精液量至少增加1倍。

3. 掌握输精时机

研究证明，输精时机对绵羊的受胎率和繁殖率都有影响。最好在发情中期（即发情12~16h）或中后期输精。由于绵羊发情期短，当发现母羊发情时母羊已发情了一段时间，因此，应及时输精。早上发现的发情羊，当日早晨输精1次，傍晚再输精1次。

输精的关键是严格遵守操作规程，操作要细致，子宫颈口要对准，精液量要足够。输精后的母羊要登记，按输精先后组群。加强饲养管理，为增膘保胎创造条件。

五、接羔技术

妊娠期满的母羊将子宫内的胎儿及其附属物排出体外的过程，称为产羔。产羔期内，羊群在白天出牧前应仔细观察，把有临产征兆的母羊留下，或根据母羊预产期，把临产母羊留在分娩栏内，加强护理，做好产羔前的准备。

（一）分娩征兆

母羊在分娩前，机体的某些器官在组织学和形态学上会发生显著的变化，母羊的全身行为也与平时不同，这些变化是以适应胎儿产出和新生羔羊哺乳的需要而做的生理准备。对这些变化的全面观察，往往可以大致预测分娩时间，以便做好助产准备。

1. 乳房的变化

乳房在分娩前迅速发育，腺体充实，临近分娩时，可从乳头中挤出少量清亮胶状液体或少量初乳，乳头增大变粗。

2. 外阴部的变化

临近分娩时，阴唇逐渐柔软、肿胀、增大，阴唇皮肤上的皱襞展开，皮肤稍变红。阴道黏膜潮红，黏液由浓厚黏稠变为稀薄滑润液。排尿频繁。

3. 骨盆的变化

骨盆的耻骨联合、荐髋关节以及骨盆两侧的韧带活动性增强，尾根及其两侧松软，肷窝明显凹陷。用手握住尾根做上下活动，感到荐骨向上活动的幅度增大。

4. 行为变化

母羊精神不安，食欲减退，回顾腹部，时起时卧，不断努责和鸣叫，腹部明显下陷是临产的典型征兆，应立即送入产房。

（二）正常接产

母羊产羔时，最好让其自行产出。接产人员的主要任务是监视分娩情况和护理初生羔羊。正常接产时，首先剪净临产母羊乳房周围和后肢内侧的羊毛，然后用温水洗净乳房，挤出几滴初乳，再将母羊的尾根、外阴部、肛门洗净，用1%来苏尔水消毒。一般情况下，经产母羊比初产母羊产羔快，羊膜破裂时间为数分钟至30min，羔羊便能顺利产出。正常分娩，羔羊一般两前肢先出，头部附于两前肢之上，随着母羊的努责，羔羊可自然产出。产双羔时，间隔10～20min，个别间隔较长。母羊产出第一只羔后，仍有努责、阵痛表现，是产双羔的征候，此时接产人员要仔细观察和认真检查。羔羊出生后，先将羔羊口、鼻和耳内黏液掏出擦净，以免误吞羊水，引起窒息或异物性肺炎。羔羊身上的黏液，在接产人员擦拭的同时，还要让母羊舔干，这样既可促进新生羔羊的血液循环，又有助于母羊认羔。

羔羊出生后，一般都会自己扯断脐带，这时可用5%碘酊在扯断处消毒。如羔羊自己不能扯断脐带，可先把脐带内的血向羔羊跻部顺捋几次，在离羔羊腹部3～4cm的适当部位人工扯断，再进行消毒处理。母羊分娩后1d左右，胎盘即会自然排出，应及时取走胎衣，防止被母羊吞食养成恶习。若产后2～3d母羊胎衣仍未排出，应及时采取措施。

（三）助产与处理

1. 助产

母羊骨盆狭窄、阴道过小、胎儿过大，或因母羊身体虚弱，子宫收缩无力或胎位不正等均会造成难产。

羊膜破水后30min，如母羊努责无力，羔羊仍未产出时，应立即助产。助产人员应将手指甲剪短、磨光，消毒手臂，涂上润滑油，根据难产情况采用相应的处理方法。如胎位不正，先将胎儿露出部分送回阴道，将母羊后躯抬高，手入产道校正胎位，然后才能随母羊有节奏的努责，将胎儿拉出；如胎儿过大，可将羔羊两前肢反复数次拉出和送入，然后一手拉前肢，一手扶头，随母羊努责缓慢向下方拉出。切忌用力过猛，或不依据努责节奏硬拉，以免拉伤阴道。

2. 假死羔羊的处理

羔羊产出后，如不呼吸，但发育正常，心脏仍跳动，称为假死。原因是羔羊吸入羊水，或分娩时间较长，子宫内缺氧等所致。处理方法：一是提起羔羊两后肢，悬空并不时拍击背和胸部；二是让羔羊平卧，用两手有节律地推压胸部两侧，经过这些处理，短时假死的羔羊多能复苏。

（四）产后母羊和初生羔羊的护理

1. 产后母羊的护理

产后母羊应注意保暖、防潮、避风、预防感冒，保持安静和休息。产后头几天应给予质量好、容易消化的饲料，量不宜太多，3d 后饲料即可转为正常。

2. 初生羔羊的护理

羔羊出生后，应使羔羊尽快吃上初乳。瘦弱的羔羊或初产母羊，以及保姆性差的母羊，需要人工辅助哺乳。如因母羊有病或一胎多羔奶不足时，应找保姆羊代乳。由于遗传、免疫、营养、环境等因素，以及产出时顺利与否，新生羔羊常在出生后不久，便出现一些病理现象。应积极采取预防措施，如做好配种时公母羊的选择，加强母羊妊娠期的饲养管理，注意畜舍的环境卫生及羔羊的个体卫生等，减少疾病的发生，提高羔羊的繁殖成活率。

第三节　肉羊饲养管理

一、种公羊的饲养管理

肉用种公羊应维持中上等膘情，以便保障其常年健壮、活泼、精力充沛、性欲旺盛。配种季节前后，应保持较好膘情，以充分发挥种公羊的作用。

种公羊的饲养上，要求营养价值高，有足量优质的蛋白质、维生素 A、维生素 D 及无机盐，且易消化，适口性好。鲜干草类有苜蓿草、三叶草和青燕麦等；精饲料有燕麦、大麦、豌豆、黑豆、玉米、高粱、豆粕、麦麸等；多汁饲料有胡萝卜、甜菜和玉米青贮等。

种公羊生产阶段可分为配种期和非配种期。配种期又可分为配种预备期（配种前 1 ~ 1.5 个月）、配种期（10 ~ 15 个月）及配种后复壮期（配种后 1 ~ 1.5 个月）。配种预备期应增加精饲料量，按配种期喂给量的60%～70%补给，逐渐增加到配种期精饲料的喂给量。配种期的日粮大致为：精饲料1.0kg、苜蓿干草或野干草2.0kg、胡萝卜0.5～1.5kg、食盐15～20g，全部粗饲料和精饲料可分2～3次喂给。精饲料的喂量应根据种羊的个体重、精液品质和体况酌情增减。非配种期内应补给精饲料500g，干草3kg，胡萝卜0.53kg，食盐5～10g。夏秋季节以放牧为主，可少量补给精饲料。种公羊饲养以放牧和舍饲相结合为主，配种期种公羊应加强运动，以保证种公羊能产生品质优良的精液。配种后复壮期，精饲料的喂给量不减，增加放牧时间，经过一段时间后，再适量减少精饲料，逐渐过渡到非配种期饲养。

种公羊舍应选择通风、干燥、向阳的地方。每只公羊所需面积约为2.0m^2。

二、母羊的饲养管理

母羊的饲养包括空怀期、妊娠期和哺乳期3个阶段。空怀期和哺乳后期需要的风干饲料为体重的2.4%～2.6%。同时应抓紧放牧，使母羊很快复壮，力争满膘迎接配种。

母羊妊娠期为150d，可分为妊娠前期和妊娠后期。妊娠前期是受胎后的3个月，该阶段胎儿发育较慢，营养需要与空怀后期相同，放牧饲养可满足需要。秋季配种，牧草处于青草期或已结籽，营养丰富，不需要补喂饲料。若配种季节较晚，牧草已枯黄，则应补喂青干草。

妊娠后期是妊娠最后的两个月，胎儿生长迅速，增重约占初生体重的80%，这一阶段需要全价营养。妊娠后期如营养不足，母羊体重下降，影响胎儿发育，羔羊初生体重小，体温调节机能不完善，抵抗力弱，容易死亡。特别对肉用羊影响大，关系到胎儿发育，以及羔羊出生后的生长速度。因此，该阶段需足量的营养物质，热代谢水平应提高到15%～20%，磷和钙的需要应增加40%～50%，钙磷比例以2∶1为宜。足量的维生素 A 和维生素 D 是妊娠后期不可缺少的。

妊娠后期仍以放牧饲养为主，冬季每天放牧运动 6h，放牧距离不少于 8km。临产前 7 ~ 8d 不要远处放牧，防止分娩时来不及回羊舍。放牧中要稳走，慢赶，出入圈门时应防止拥挤，要有足够的饲槽和草架，防止喂料喂草时拥挤造成流产。不能喂发霉变质的干草和冰冻饲料。

哺乳期 90 ~ 120d，哺乳期分为哺乳前期和哺乳后期。哺乳前期即羔羊出生后 2 个月，营养主要依靠母乳。如果母羊营养差，泌乳量必然减少，会影响羔羊的发育。母羊自身消耗大，体质很快消弱，直接影响到羔羊增重。肉羔羊一般日增重 250g 左右，每增重 100g 约需母乳 500g，而生产 500g 羊乳需要 0.3kg 风干饲料，即 33g 蛋白质，1.2g 磷和 1.8g 钙。母羊的泌乳期营养要依哺乳的羔羊而定。产双羔的母羊每天补给精饲料 0.4 ~ 0.5kg，苜蓿干草 1.0kg；产单羔的母羊每天补给精饲料 0.3 ~ 0.5kg，苜蓿干草 0.5kg。不论母羊产单羔还是双羔，均应补给多汁饲料 1.5kg。

哺乳后期母羊泌乳量逐渐减少，羔羊已能采食粉碎的混合精饲料和青嫩牧草，母羊也能逐渐采食青草，可以不补给干料。

三、羔羊哺乳期和育成期的饲养管理

（一）羔羊哺乳期的饲养

母羊的初乳中含有丰富的蛋白质（17% ~ 23%）、脂肪（9% ~ 16%）等营养物质和免疫球蛋白，具有抗病和轻泻作用。羔羊初生后及时吃到初乳，对增强体质、抵抗疾病和排出胎粪有重要作用。母羊的常乳中营养也很丰富，1 月龄内的羔羊，还不能大量采食草料，基本上是以哺乳羊乳为主，饲喂为辅。但要早开食，训练吃草料，以促进前胃的发育，增加营养的来源。2 月龄以后的羔羊逐渐以采食为主，哺乳为辅。羔羊能采食饲料后，要求饲料多样化，注意个体发育情况，随时进行调整，促进羔羊正常发育。1 月龄后的羔羊，给适当运动。随着日龄的增加，把羔羊赶到牧地上放牧，还要定时补给草料。母子分开放牧有利于增重、抓膘和预防寄生虫的传播。

（二）育成羊的饲养

羔羊从3～4月龄离乳，到第一次交配叫育成期，该阶段的羊叫育成羊。羔羊离乳后，根据生长速度越快，需要营养物质越多的规律，应分别组成公、母育成羊群。离乳后的育成羊在最初几个月营养条件良好时，每天可增重150g以上，每日需要风干饲料0.7～1.0kg，月龄再长，则根据日增重及其体重对饲料的需要也适当增加。

羊出生后第一年生长发育最快，这期间如果饲养不良，就会影响其一生的生产性能，如出现体狭而浅，体重小等。因此，预期增重是育成羊发育完善程度的标志。在饲养上必须注意增重这一指标，按月固定抽测体重，借以检查全群的发育情况。称重须在早晨未饲喂或出牧前进行。

离乳编群后的育成羊，正处在早期发育阶段，断乳不要同时断料，在出牧后仍应继续补料。严冬舍饲期较长，需要补充大量营养，应以补饲为主，放牧为辅。要做好饲料安排，合理补饲，喂给最好的豆科草、青干草、青贮及其他农副产品。

第四节　羊的疾病防治

一、口蹄疫

口蹄疫是偶蹄家畜的急性传染病，山羊、绵羊都可患此病，是人兽共患的传染病。病畜水疱中及淋巴液中口蹄疫病毒含量最多，病毒多由于直接接触而传播。本病的发生和流行有明显的季节性，气候寒冷容易流行。

【症状】感染羊最初体温升高，精神沉郁，食欲减退或废绝，反刍缓慢或停止，不喜饮水，闭口呆立，开口时，大量流涎。口腔的水疱多发生在口膜，舌上水疱少见。山羊口腔病变比绵羊多见，水疱多发生在硬颚和舌面上。蹄部的水疱较小。

母羊常流产。乳用山羊有时可见乳头上有病变，乳量减少。哺乳羔羊特别容易发病，临诊多发生出血性胃肠炎。也可能出现恶性口蹄疫，常因急性心脏停搏死亡。死亡率20%～50%。

【防治】疑似口蹄疫时，应立即报告当地兽医行政机构，确认后，立即采取严格的封锁、扑杀、消毒、无害化处理等措施。疫区周围牛羊接种，选用与当地流行的口蹄疫病毒血清型相同的疫苗，进行紧急接种，用量、注射方法及注意事项须严格按疫苗说明书执行。

二、羊口疮

羊口疮是由病毒引起的一种传染病，其特征为口唇等处皮肤和黏膜形成丘疹、脓疱、溃疡和结成疣状厚痂。

【症状】该病在临诊上可分为唇型、蹄型和外阴型，但以唇型感染为主。病羊病初于口角上唇或鼻镜处出现散在小红斑，以后逐渐变为丘疹和小结节，继而成为水疱、脓疱，脓肿互相融合，波及整个口唇周围，形成大面积痂垢，痂垢不断增厚，整个嘴唇肿大、外翻、呈桑葚状隆起，严重影响采食。病羊流涎、精神萎靡、被毛粗乱、日渐消瘦。

【防治】对病羊隔离饲养，圈舍进行彻底消毒。给予病羊柔软、易消化、适口性好的饲料、饲草，保证清洁饮水。

剥净痂垢后，用淡盐水或0.1%高锰酸钾水溶液清洗创面，再用2%龙胆紫（紫药水）或碘甘油（碘酊：甘油=1：1）涂擦创面，每天1～2次，直至痊愈。肌内注射维生素C和维生素B_{12}。保护羊皮肤、黏膜勿受损伤，做好环境的消毒工作。

采用疫苗预防，未发疫地区，羊口疮弱毒细胞冻干苗，每年3月、9月各注射1次，不论羊大小，每只口腔黏膜内注射0.2ml。发病地区，紧急接种，仅限股内侧划痕，也可采用把患羊口唇部痂皮取下，剪碎，研制成粉末状，然后用5%甘油灭菌生理盐水稀释成1%浓度，尾根无毛处皮肤划痕接种或刺种于耳，预防本病，效果也不错。

三、羊痘

羊痘是一种急性传染病，多发生在春、秋两季，其特征是皮肤和黏膜上发生特殊的丘疹和疱疹（痘疹）。山羊、绵羊都易感染。

【症状】病羊体温升高至41～42℃，精神不振，食欲减退，眼肿流泪。病初鼻孔闭塞、呼吸促迫，鼻孔有黏性分泌物，2～3d后病羊鼻孔周围、面部、耳部、背部、胸腹部、四肢无毛区出现一元钱硬币大小的块状疹，以后体温下降，中心凹陷，形成水疱。4～6d后水疱化脓成脓疱，以后脓疱干燥结痂，经过4～6d痂皮脱落遗留红色瘢痕。整个病程4周左右，病羊体温和症状在红疹后一度减轻，脓疱期又严重，严重的可并发呼吸道、消化道和关节炎症，甚至出现腿跛眼瞎后遗症。羔羊常发生死亡。

【防治】羊群中发现羊痘病羊，应隔离治疗，粪便堆积发酵处理，饲具、场院彻底消毒，1周2次。每年3—4月接种羊痘疫苗，接种时不论羊大小，每只羊皮下注射疫苗0.5ml，注射后4～6d产生免疫力，免疫保护期1年。患部可用1%高锰酸钾水洗，用碘酒擦，如有并发症时，应及时对症治疗。

四、小反刍兽疫

小反刍兽疫是由副黏病毒科麻疹病毒属小反刍兽疫病毒引起的一种急性接触性传染病。主要感染小反刍兽，山羊高度易感，牛可感染带毒，野生动物偶然发生，

世界卫生组织（WHO）将其列为A类传染病，我国将其列为一类动物传染病。

【症状】该病常呈急性发作，眼和鼻大量排出分泌物，体温41℃，持续高热3～5d，出现口腔糜烂、腹泻和肺炎。本病潜伏期4～6d，感染后发病率高达100%，严重暴发期死亡率100%。

【防治】目前本病尚无治疗措施，农业部规定一旦发现疫情，应采取严格的封锁、扑杀、消毒、无害化处理等措施。

五、痒病

痒病又称慢性传染性脑炎，又名“驴跑病”“瘙痒病”或“震颤病”，是由朊病毒引起的成年绵羊（也可见于山羊）的一种缓慢发展的中枢神经系统疾病。临诊特征是潜伏期长，患病动物共济失调，皮肤剧痒，精神委顿，麻痹，衰弱，瘫痪，最终死亡。羊群遭受本病感染后，很难清除，几乎每年都有羊因患该病死亡或被淘汰。

不同性别、品种的羊均可发生痒病，但品种间存在着明显的易感性差异，如英国萨福克种绵羊更为敏感。痒病具有明显的家族史。一般发生于2~5岁的绵羊，5岁以上的和1岁半以下的羊通常不发病。患病羊或潜伏期感染羊为主要传染源。痒病可在无关联的羊间水平传播，患羊不仅可以通过接触将病原传给其他绵羊或山羊，也可垂直传播给后代。健康羊群长期放牧于污染的牧地（被病羊胎膜污染），也可引起感染发病。本病常呈散发性流行，感染羊群内只有少数羊发病，传播缓慢。小鼠、仓鼠、大鼠和水貂等实验动物均可人工感染痒病。羊群一旦感染痒病，很难根除，几乎每年都有少数患羊死于本病。

朊病毒对各种理化因素抵抗力强。紫外线照射、离子辐射以及热处理均不能使朊病毒完全灭活。

【症状】自然感染潜伏期1~3年或更长。早期，病羊敏感、易惊。有些病羊表现有攻击性或离群呆立；有些病羊则容易兴奋，头颈抬起，眼凝视或目光呆滞。大多数病例常呈现行为异常、瘙痒、运动失调及痴呆，头颈部以及腹肋部肌肉发生频细震颤。瘙痒症状有时很轻微以至于观察不到。用手抓搔患羊腰部，患羊常出现伸颈、摆头、咬唇或舔舌等反射性动作。病羊常啃咬腹肋部、股部或尾部；或在墙壁、栅栏、树干等物体上摩擦痒部皮肤，致使被毛大量脱落，皮肤红肿发炎甚至破溃出血。病羊常以一种高举步态运步，呈现特殊的驴跑步样姿态或雄鸡步样姿态，后肢软弱无力，肌肉战抖，步态蹒跚。病羊体温一般不高，可照常采食，但日渐消瘦，体重明显下降，常不能跳跃，遇沟坡、土堆、门槛等障碍时，反复跌倒或卧地不起。病程数周或数月，甚至1年以上。少数病例为急性经过，患病数日即突然死亡。病死率高，几乎达100%。

【防治】严禁从有痒病的国家和地区引进种羊、精液以及羊胚胎。引进动物时，严格口岸检疫，引入羊在检疫隔离期间发现痒病应全部扑杀、销毁，并进行彻底消毒，以除后患。不得从有病国家和地区购入含反刍动物蛋白的饲料。

无病地区发生痒病的，应立即申报，同时采取扑杀、隔离、封锁、消毒等措施，并进行疫情监测。

六、羊伪狂犬病

伪狂犬病是由伪狂犬病毒（PRV）引起家畜和多种野生动物的一种急性传染病。除猪以外的其他动物发病后通常具有发热、奇痒及脑脊髓炎等典型症状，均为致死性感染，但呈散发形式。

病羊、带毒羊以及带毒鼠类为本病重要传染源，猪是PRV的原始宿主和储存宿主。主要经鼻腔和口腔感染，也可通过交配、精液、胎盘传播；被PRV污染的工作人员、器具以及吸血昆虫等也可传播本病。

伪狂犬病的发生具有一定季节性，多发生在寒冷的冬春季。伪狂犬病毒对动物的致病作用依赖于许多因素，包括年龄、毒株、感染量以及感染途径等。

【症状】潜伏期一般为3～6d，羊对本病特别敏感，感染后病死率高、病程短。病畜主要表现为呼吸加快，体温升高达41.5℃，精神沉郁，肌肉震颤，目光呆滞。特征症状为体表病毒增殖部位的奇痒，并因瘙痒而出现各种姿势。如鼻黏膜受感染，则用力摩擦鼻镜和面部；结膜感染时，以蹄拼命搔痒，会造成眼球破裂塌陷；有的呈犬坐姿势，用力在地上摩擦肛门和阴户；有的在头颅、肩胛、胸壁、乳房等部位发生奇痒，奇痒部位因强烈搔痒而脱毛、水肿，甚至出血。部分病例还可出现某些神经症状如磨牙、流涎、强烈喷气、狂叫、转圈、运动失调，甚至神志不清，但无攻击性，后期多因为麻痹而死亡。个别病例无奇痒症状，数小时后死亡。绵羊病程短，多于1d内死亡。山羊病程2～3d。该病的死亡率很高，接近100%。

【防治】加强饲养管理及检疫。严格灭鼠，防止犬、猫、家禽、野鸟及蝙蝠进入圈舍，禁止将牛、羊、猪和犬类混养，控制人员往来。

病羊直接淘汰。对于健康羊每年秋天定期接种伪狂犬疫苗Bucharest株（没有条件的可选用Bartha－K61株）双基因缺失弱毒苗，可预防本病。本病临诊上容易与狂犬病混淆，注意区别，无条件鉴别可注射狂犬病兽用活疫苗（ERA弱毒株）进行预防。发病早期可用干扰素进行治疗，有一定效果。

七、梅迪－维斯纳病

梅迪－维斯纳病是由病毒引起的以绵羊进行性肺炎为特征的疾病，多见于两岁以上的绵羊。病羊或处于潜伏期的羊为主要传染源。主要经呼吸道和消化道传播，也可通过乳传给羔羊。本病多散发，一年四季均可发生。

【症状】潜伏期长达2～6年。临诊症状有2种类型。

梅迪病：病羊早期症状是缓慢发展的倦怠，消瘦，呼吸困难，表现慢性间质性肺炎症状，呈进行性加重，最终死亡。

维斯纳病：病羊早期表现步样异常，尤其后肢表现明显，头部异常姿势，如唇、颜面肌肉震颤，病情缓慢进展并恶化，最后陷入对称性麻痹而死亡。

【防治】加强进口检疫，引进种羊应来自非疫区，新进的羊必须隔离观察，经检疫健康时方可混群。每隔6个月对羊群做一次血清学检查，淘汰有症状病例和血清学反应阳性的羊及其后代，最彻底的办法是将感染绵羊群全部扑杀，以清除此病。病尸和污染物应销毁或用石灰掩埋。圈舍、饲养用具用2%氢氧化钠消毒，污染牧场停止放牧1个月以上。

本病目前尚无疫苗和有效的治疗方法。因此，防治本病的关键在于防止健康羊接触病羊，发生本病后，将所有病羊一律淘汰。

八、山羊关节炎脑炎

山羊关节炎脑炎是由病毒引起的山羊的一种慢性传染病。

【症状】山羊是本病的主要易感动物，各种年龄的羊均易感。消化道感染是主要的感染途径，羔羊经吮乳而感染。感染母羊所产羔羊当年发病率为16%～19%，病死率高达100%。

脑脊髓炎型：主要发生于2～6月龄山羊羔，病初羊精神沉郁，跛行，随即四肢僵硬，共济失调，一肢或多肢麻痹，横卧不起，四肢划动。有些病羊眼球震颤，角弓反张，头颈歪斜或做转圈运动，有时吞咽困难或双目失明。少数病例兼有肺炎或关节炎症状。病程半月至数年，最终死亡。

关节炎型：多发生于1岁以上的成年山羊，多见腕关节或膝关节肿大、跛行。

发炎关节周围软组织水肿，发热，疼痛敏感，活动不便，常见前肢跪地膝行，个别病羊肩前淋巴结肿大。发病羊多因长期卧地、衰竭或继发感染而死亡。病程较长，为1～3年。

肺炎型：在临诊上较为少见。病羊进行性消瘦，衰弱，咳嗽，呼吸困难，肺部听诊有湿啰音。各种年龄的羊均可发生，病程3～6个月。

【防治】不从有本病的国家或地区引进种山羊，引入羊要严格检疫。本病目前尚无疫苗或特异性治疗药物，主要以加强饲养管理和卫生防疫为主。羊群定期检疫，及时淘汰血清学阳性羊。

九、炭疽

炭疽是由炭疽杆菌引发的一种人兽共患的急性、热性、败血性传染病。羊的易感性高，绵羊最易感染。病羊是主要传染源，濒死病羊体内及其排泄物中常有大量菌体，如尸体处理不当，炭疽杆菌形成芽孢并污染土壤、水源、牧地，羊吃了污染的饲料和饮水而感染，也可经呼吸道和由吸血昆虫叮咬而感染本病。多发于夏季，常呈散发性或地方性流行。

【症状】潜伏期一般 1～5d，最长可达 14d。临诊多为最急性型，表现为突然发病，体温升高达 40～42℃，呼吸急促，磨牙，全身战栗，步态不稳或倒地，昏迷，黏膜呈蓝紫色，从口、鼻、肛门流出黑红色血液，血液不易凝固，数分钟内死亡，尸僵不全。病程较慢者，病程延续数小时，病羊表现不安，战栗，呼吸困难和天然孔出血等。

【防治】对发生过炭疽病的地区，用炭疽芽孢苗免疫接种。发生本病的疫区应进行封锁，隔离病羊。对污染地面和用具彻底消毒；对疑似炭疽病的羊，严禁剖检、剥皮、采样和食用，应焚烧或在远离水源处深埋。一旦发生应及早向当地兽医行政部门报告。使用青霉素、链霉素、土霉素、磺胺类药物有较好的疗效。

注意个人防护。人感染炭疽有 3 种类型，即皮肤型炭疽、肺型炭疽和肠型炭疽。本病病情严重，一旦发生应及早送医院治疗。

十、羊布氏杆菌病

本病是由布氏杆菌所引起的一种以流产为特征的人兽共患的慢性、接触性传染病。

【症状】多数病羊在怀孕 4 个月左右发生流产。流产前病羊发热、口渴、食欲废绝、精神沉郁，阴道流出黄色或带血的黏液，1～2d 后流产。流产母羊常有乳腺炎和关节炎、后躯麻痹等症状。公羊常有睾丸和四肢关节肿大等症状。

【防治】每年定期对羊群进行检疫，并采取先检后免、隔离病羊、消毒等防治措施。新买的羊要检疫，隔离观察半个月，无病方可入群。定期进行布氏杆菌菌苗接种，可用金霉素、四环素以及磺胺类药物治疗。

十一、结核病

结核病是由结核分枝杆菌引起的一种人兽共患的慢性传染病。其特征是在组织器官中形成结核结节，即结核性肉芽肿。结核杆菌可侵害多种动物，传染源为结核病患畜的排泄物和分泌物污染的饲料和饮水。羊主要通过消化道感染本病，也可通过空气和生殖道感染。

【症状】病羊体温多正常，有时稍升高，消瘦，被毛干燥，精神沉郁，多呈慢性经过。当患肺结核时，病羊咳嗽，流脓性鼻液；当乳房被感染时，乳房硬化，乳房淋巴结肿大；当患肠结核时，病羊有持续性消化机能障碍，便秘，腹泻或轻度胀气。羊结核急性病例较少见。

【防治】定期对羊进行临诊检查，发现阳性者，及时采取隔离消毒措施，利用价值不大者应扑杀，以免传染健康羊群。结核杆菌对常用消毒药均敏感，对青霉素、磺胺类药物耐药。

治疗可用异烟肼、链霉素等药物。链霉素按每千克体重10mg，肌内注射，每天2次，连用数天。异烟肼按每千克体重4~8mg，分3次灌服，连用1个月。

病羊所产乳汁，要单独存放、煮沸消毒。病羊所产羊羔用1%来苏尔洗涤消毒后，隔离饲养，3个月后进行结核菌素试验，阴性者方可与健康羊群混养。

十二、羊肠毒血症

羊肠毒血症又叫软肾病、类快疫。是由于羊采食了带有D型产气荚膜梭菌的饲草而引起的，有明显的季节性，多发生于春末夏初或秋末冬初，特别是南方梅雨季节，北方7—9月高温高湿季节多发。通常2~12月龄、膘情好的羊最易患此病。

【症状】多呈急性，病羊腹痛、肚胀。急性病例表现兴奋，迅速倒地昏迷，呼吸困难，窒息死亡。病程缓的，初期兴奋不安，空嚼咬牙，嗜食泥土和其他异物，头向后仰或歪向一侧，转圈或撞击障碍物，随后倒地死亡。有的病羊步态不稳摇晃，侧身倒地，角弓反射，口吐白沫，腿踢乱蹬，全身肌肉震颤。病羊一般体温不高，常有腹泻，粪便绿色、糊状。病羊昏迷而死，死后肾脏多见软化。

【防治】加强饲养管理，雨季不在低洼、潮湿草场放牧；放秋茬，防止羊吃得过饱和急饮水；冬季喂饲时，要青、粗、多汁饲料均匀搭配。羊圈要定期用2%氢氧化钠和5%来苏尔溶液消毒。

在流行季节前注射羊肠毒血症、羊快疫、羊猝疽多联疫苗，不论羊大小，每只皮下注射疫苗1.0ml。治疗可用磺胺类或头孢菌素类等抗生素类药物。

十三、羔羊痢疾

羔羊痢疾是由初生羔羊混合或单独感染了魏氏梭菌、大肠杆菌、沙门杆菌而引起的一种急性传染病。多发生在羔羊生后1周内，有的甚至生后2～4h就会发病。

【症状】主要特征为剧烈腹泻。羔羊精神沉郁，拉灰白色、淡黄色或绿色粪便，特别臭，常黏在肛门周围，以后粪便中带血，一直拉稀；眼窝下陷；不吃奶，衰弱，最后死亡。

【防治】加强孕羊的饲养管理，注意分娩时产房的清洁、消毒、保暖和产后的护理工作。初生羔羊及时吃上足量、优质的母乳，并注意合理喂乳，避免过饥、过饱现象。羔圈温暖、干燥、清洁、光照充足、通风良好，有利于防止本病发生。

免疫接种痢疾氢氧化铝菌苗，怀孕母羊分娩前20～30d和10～20d时各注射1次，疫苗用量分别为每只2ml和3ml，注射部位在两后腿内侧皮下，注射后10d产生免疫力。羔羊通过吃奶获得被动免疫，免疫期5个月。

模块六　鸡的规模养殖

第一节　鸡的品种

我国是最早将野生的原鸡驯养为家禽的国家之一，在长期的生产实践活动中，我国人民先后育成了九斤鸡、北京油鸡、浦东鸡、石歧鸡等古老的肉用型品种，狼山鸡、萧山鸡、大骨鸡、惠阳鸡、桃园鸡等蛋肉兼用型品种，仙居鸡、济宁百天鸡等蛋用型品种，泰和乌骨鸡等药用型品种。这些古老的鸡种是现代鸡品种的重要基础，为人类的养鸡事业曾做出过重大贡献。

在19世纪至20世纪初，国外家禽育种工作者也先后育成了“来航”“米诺卡”“洛岛红”“新汉夏”“白洛克”“横斑（芦花）洛克”“科尼什”“温多德”“奥品顿”“浅花苏赛斯”“澳洲黑”等标准品种。

所谓标准品种是指人工育成、并得到家禽协会或家禽育种委员会承认的品种。早年鸡种是按标准分类法进行分类的，这种分类方法注重血统的一致性和典型性外貌特征，尤其注意羽色、羽型、冠型、体形等。

标准品种有白来航、洛岛红、新汉夏、澳洲黑、白洛克、白科尼什、狼山鸡、九斤鸡和丝毛鸡。

一、白来航鸡（White Leghorns）

白色单冠来航为来航（Leghorn）鸡的一个变种，原产于意大利，1835年由意大利的来杭港运往美国，现普遍分布于全世界；是世界著名的蛋用型品种，也是现代化养鸡业白壳蛋使用的鸡种。

白来航鸡（图6－1）体形小而清秀，全身紧贴白色羽毛，单冠，冠大鲜红，公鸡的冠较厚而直立，母鸡的冠较薄而倒向一侧。喙、胫、趾和皮肤均呈黄色，耳叶呈白色。

白来航鸡性成熟早，产蛋量高而饲料消耗少。雏鸡出壳140日龄后开产，72周龄年产220枚蛋以上，高产的优秀品系可超过300枚蛋。平均蛋重为54～60g，蛋壳白色。成年公鸡体重2.5kg，成年母鸡1.75kg左右。活泼好动，易受惊吓，无就巢性，适应能力强。

图6－1　白来航鸡

二、洛岛（罗得）红鸡（RhodeIsland Reds）

育成于美国罗得岛州（Rhode Island），属兼用型鸡种。有单冠和玫瑰冠两个品变种。洛岛红鸡（图6－2）由红色马来斗

图6－2　洛岛（罗得）红鸡

鸡、褐色来航鸡和鹧鸪色九斤鸡与当地的土种鸡杂交而成。1904 年被正式承认为标准品种。我国引进的洛岛红鸡为单冠品变种。

洛岛红鸡的羽毛为深红色，尾羽多黑色。体躯略近长方形，头中等大，单冠、喙褐黄色，胫黄色或带微红的黄色。冠、耳叶、肉垂及脸部均鲜红色，皮肤黄色。背部宽平，体躯各部的肌肉发育良好，体质强健，适应性强。母鸡的性成熟期约 180d，年产蛋量为 180 枚，高产者可达 200 枚以上。蛋重为 60g，蛋壳褐色，但深浅不一。成年公鸡体重为 3. 7kg，母鸡为 2. 75kg。

三、新汉夏鸡（New Hampshires）（图 6 –3）

育成于美国新罕布什尔州。由当地家禽饲养者从引进洛岛红鸡群中选择其体质好、产蛋量高、成熟早、蛋大和肉质好的，经过 20 多年的选育而成的新品种。1935 年正式被承认为标准品种，1946 年引入中国。

图 6 –3　新汉夏鸡

此鸡体形与洛岛红鸡相似，但背部较短，羽毛颜色略浅。只有单冠，体大、适应性强。成熟期约 180d，雏鸡生长迅速。年产蛋量为 200 枚左右，高产的 200 枚以上，蛋重为 58g，蛋壳褐色。成年公鸡体重 3. 6kg，母鸡 2. 7kg。

四、澳洲黑鸡（Australorps）

澳洲黑鸡（图6－4）系用澳洲黑色奥品顿鸡经25年着重提高产蛋性能选育而成。1929年被正式承认为标准品种，属于蛋、肉兼用型，1947年引进中国。

图6－4　澳洲黑鸡

此鸡体形与奥品顿鸡相似，但羽毛较紧密，体略轻小。体躯深而广，胸部丰满，头中等大，喙、眼、胫均呈黑色，脚底呈白色。单冠，肉垂、耳叶和脸均为红色，皮肤白色，全身羽毛黑色而有光泽。适应性强，母鸡性成熟早，6个月左右开产，年产蛋量190枚左右，蛋重62g，蛋壳黄褐色。略有就巢性。成年公鸡体重3.7kg，母鸡重2.8kg。

五、白洛克鸡（White Plymouth Rocks）

原产美国，兼用型（图6－5）。单冠，冠、肉垂与耳叶均红色，喙、皮肤和胫黄色，全身羽毛白色，体大丰满。成年公鸡体重4.15kg，母鸡3.25kg。产蛋量较高，年产蛋量170枚，蛋重58g左右，蛋壳褐色。白洛克鸡（图6－5）经改良后早期生长快，胸、腿肌肉发达，主要作肉鸡配套杂交母系使用，其第一代杂种生长迅速，胸宽体圆、屠体美观，肉质优良，饲料报酬高，是国内外较理想的肉用鸡母系。

图6－5　白洛克鸡

六、白科尼什鸡（White Comish）

原产于英格兰的康瓦尔（Gornwall），属科尼什的一个品变种。此鸡（图6－6）为豆冠。喙、胫、皮肤为黄色，羽毛紧

图6－6　白科尼什鸡

密，体躯坚实，肩、胸很宽，胸、腿肌肉发达，胫粗壮。体重大，成年公鸡4.6kg，母鸡3.6kg。肉用性能好，但产蛋量少，

年产蛋 120 枚左右，蛋重 56g，蛋壳浅褐色。近几年来，因引进白来航显性白羽基因，育成为肉鸡显性白羽父系，已不完全为豆冠。显性白羽父系与有色羽母鸡杂交，后代均为白色或近似白色。目前主要用它与母系白洛克品系配套生产肉用仔鸡。

七、狼山鸡（Langshan）

原产于我国江苏省南通地区，如东县和南通市石港一带。1872 年输入英国，英国著名的奥品顿鸡含有狼山鸡血液。1879 年先后输入德国和美国，在美国于 1883 年被承认为标准品种。由于南通港南部有一小山叫狼山，此鸡最早从此输入，故名狼山鸡（图 6 –7）。

此鸡体形外貌最大特点是颈部挺立，尾羽高耸，背呈 U 字形。胸部发达，体高腿长，外貌威武雄壮，头大小适中，眼为黑褐色。单冠直立，中等大小。冠、肉垂、耳叶和脸均为红色。皮肤白色，喙和胫为黑色，胫外侧有羽毛。狼山鸡的优点为适应性强，抗病力强，胸部肌肉发达，肉质好。年产蛋量达 170 枚左右，蛋重 59g。成年公鸡体重 4. 15kg，母鸡重 3. 25kg。性成熟期为 7 ~8 个月。

图 6 –7　狼山鸡

八、九斤鸡（Cochins）

九斤鸡（图6-8）是世界著名的肉鸡品种之一，也是原产于我国的标准品种之一。在1843年曾两度输入英国，1847年输入美国，因皆由上海输出，故外国人称之为“上海鸡”。19世纪中叶已遍及全世界。1874年美洲家禽协会承认为标准品种。由于此鸡体躯硕大，品质优良，在英美曾轰动一时，颇受赞赏。它对外国鸡种的改良有很大的贡献。例如，闻名世界的美国横斑洛克鸡、洛岛红鸡、英国的奥品顿鸡以及日本的名古屋和三何鸡等均有九斤鸡的血缘。在国内，对九斤鸡的原产地说法不一，尚无定论，而且缺乏像标准九斤鸡那样的典型体形。估计引自浦东鸡的可能性较大。

图6-8　九斤鸡

九斤鸡头小、喙短，单冠；冠、肉垂、耳叶均为鲜红色，眼棕色，皮肤黄色。颈粗短，体躯宽深，背短向上隆起，胸部饱满，羽毛丰满，外形近似方块形。胫短，黄色，具有胫羽和趾羽。此鸡性情温顺，就巢性强，因体躯笨重，不宜于孵蛋，成熟晚，8~9个月才开产，年产蛋量为80~100枚，蛋重约55g，蛋壳黄褐色，肉质嫩滑，肉色微黄。成年公鸡体重4.9kg，母鸡重3.7kg。

九斤鸡1874年被承认有四个品变种，即浅黄色九斤鸡、鹧鸪色九斤鸡、黑色九斤鸡和白色九斤鸡。1965 年增加了银白色镶边、金黄色镶边、青色和褐色四个品变种。1982 年又增加了横斑品变种，因此现共有 9 个品变种。

九、丝毛乌骨鸡（Silkies）

在国际上被承认为标准品种。主要产区有江西、广东和福建等省，分布遍及全国。用作药用，主治妇科病的“乌鸡白凤丸”，即用该鸡全鸡配药制成。国外分布广，列为玩赏型鸡。

丝毛乌骨鸡（图 6 - 9）身体轻小，行动迟缓。头小、颈短、眼乌，遍体羽毛白色，羽片缺羽小钩，呈丝状，与一般家鸡的真羽不同。总的外貌特征，有“十全”之称，即紫冠（冠体如桑葚状）、缨头（羽毛冠）、绿耳、胡子、五爪、毛脚、丝毛、乌皮、乌骨、乌肉。此外，眼、喙、趾、内脏及脂肪也是乌黑色。

此鸡体形小、骨骼纤细。小鸡抗病力弱，育雏率低。成年公鸡体重为 1.35kg，母鸡重 1.20kg；年产蛋量约 80 枚，蛋重 40 ~ 42g，蛋壳淡褐色。就巢性强。

图 6 - 9　丝毛乌骨鸡

第二节 鸡的繁殖

一、种蛋的选择

（一）种蛋来源

种蛋应来自生产性能高、无经蛋传播的疾病、受精率高、饲喂营养全面饲料、管理良好的种鸡群。受精率在80%以下、患有严重传染病或患病初愈和有慢性病的种鸡所产的蛋，均不宜作种蛋。如果需要外购，应先调查种蛋来源的种鸡群健康状况和饲养管理水平，签订供应种蛋的合同，并协助搞好种鸡饲养管理和疫病防控工作，以确保孵化场种蛋来源。

（二）种蛋保存

保存种蛋的库房应是砖墙、水泥地面，应清洁卫生，不得有灰尘、穿堂风、老鼠、昆虫。室内温度以12～15℃为宜。有条件的种禽场，蛋库内应设空调机。蛋库湿度以75%～80%为宜，既可大大减慢蛋内水分的蒸发速度，同时又不会因湿度过大使蛋箱损坏。湿度过小，蛋内水分蒸发过多；湿度过大，蛋易长霉菌。保存种蛋时，将蛋小端向下放蛋托中，每蛋托放30个，蛋托重叠5层放蛋箱中。蛋托多用塑料、纸浆压制，蛋箱多用纸箱。如果种蛋保存时间不超过1周，在贮存期间不用转蛋。保存两周时间，在贮存期间需要每天将种蛋翻转90°，以防止系带松弛、蛋黄贴壳，减少孵化率的降低程度。

（三）种蛋消毒

种蛋上孵化机前，应将其从蛋库运输到孵化室，将蛋放入孵化机蛋盘，一般放成45°。过大或过小的蛋、破损的蛋和粪便污染严重的蛋不能上。上完后，对种蛋进行消毒，消毒方法主要有三种，即熏蒸消毒法、紫外灯消毒法和药液浸泡法。熏蒸消毒法即将种蛋放入消毒柜，按每立方米15g $KMnO_4$、30ml甲醛溶液计算用药量，先将$KMnO_4$放瓷盘中，倒入甲醛溶液，关闭消毒柜的门，熏蒸0.5h后打开柜门，敞至无气味为止。紫外灯消毒即悬挂一只15～40W紫外灯，灯下放一张桌，蛋放桌上，灯距蛋50cm开灯照3～5min即可，此法既清洁又卫生。药液浸泡即用来苏尔配制成2%的药液，将蛋放入药液中，2min后捞出。也可以用万分之一的$KMnO_4$溶液浸泡3min后捞出。此法易使胶护膜溶解并去除，孵化期细菌易侵入蛋内，也易碰损蛋壳。

二、孵化技术

（一）孵化条件

鸟类和早期的家禽多靠雌性孵化，少数鸟类如鸽雄性也参与孵化。靠亲鸟的体温保证胚胎发育，亲鸟隔一定的时间站起来用脚翻动孵蛋，以使胚胎不与蛋壳发生粘连，保证正常胎位。只要是就巢性强的鸟类和家禽均能孵出后代。利用仿生学的方法研究孵化条件，以便规模化的工厂生产。

1. 温度

孵化期间保持蛋温37.8℃，出壳前两天及出壳期间保持蛋温37.3℃。温度过高胚胎发育快但很弱，超过42℃ 2～3h胚胎死亡。温度过低胚胎发育慢，在34℃下达2h以上胚胎死亡数增多，24℃下达30h，胚胎全部死亡。

2. 湿度

孵化期间相对湿度保持在53%～57%，出雏期间相对湿度保持在70%，有利于胚胎发育和雏禽出壳。湿度过低蛋内的水分大量蒸发，胚胎与蛋壳发生粘连，造成胚胎死亡，湿度过大会阻碍蛋内水分蒸发，造成胚胎代谢紊乱或雏禽无力啄壳，出壳困难或窒息死亡。

3. 通风换气

在胚胎发育过程中，不断吸收氧气和排出CO_2，蛋周围CO_2含量不得超过0.5%，否则会导致胚胎发育迟缓或死亡。孵化过程中，少许被细菌污染的蛋，由于胚胎死亡、腐败排放出H_2S、

NH_3等有害气体，引起胚胎中毒死亡。因此，必须采取通风进行气体交换，排出 CO_2、H_2S、NH_3，供给 O_2。一般在孵化设备留进气孔和排气孔，刚孵化时进气孔和排气孔开小点，随着孵化时间的增加，进、排气孔逐渐打开以有利于气体交换。

4. 翻蛋

每 2h 翻蛋一次，一昼夜翻蛋 12 次，出壳前两天转入出雏机，停止翻蛋。翻蛋操作因孵化设备不同而异，炕孵、桶孵、床孵采用手工翻蛋，原始孵化机则用摇柄翻蛋，现代孵化机用按钮控制或自动翻蛋，翻蛋角度以 90°为宜，注意不能让蛋盘滑下蛋架或蛋滚到机底或地面。翻蛋时要防止胚胎与壳粘连，胚胎各部位受热均匀，供应新鲜空气有助于胚胎运动，保证胎位正常。

5. 晾蛋

鸭蛋、鹅蛋、火鸡蛋脂肪含量高，孵化至 16～17d，脂肪代谢增强，蛋温急剧增高，为避免高温引起胚胎死亡，必须晾蛋。家禽自然孵化时，孵化到中途，每天下抱窝排粪、采食、自由活动约 30min，然后上窝。机器孵化时采取每天开机门 2 次，暂停加热，至蛋放眼皮上不烫，感觉温热，关机门，开始加热。也可采用加强通风的方法晾蛋，效果也很好。

（二）孵化操作技术

1. 孵化前的准备

（1）孵化室的准备　孵化室的面积根据安装孵化机的台数而定，一台孵化机和一台出雏机需 25～30m²，砌砖墙，墙高 3.5～4m，窗户要高而小，光照系数 1：(15～20)，顶棚距地面 3.1～3.5m。顶棚宜用纸板或层板，板上钻一些小孔通气。孵化室门不能向北或向南开，最好设在背风处。孵化室要求保温性能好，室内温度要在 20～24℃。

（2）安装、调试孵化机　安装孵化机前要对孵化室清扫冲洗干净，粉刷墙壁。孵化机搬进孵化室时，若已组装好的孵化机应底部向下平移进去，不能倒置或侧放，未组装的孵化机应由孵化机生产厂派人前来组装。孵化机应安放在太阳不能直射和风不能吹到的地方，调整成水平。机器安放完后，接上电源，在操作台上进行操作，试运行1h左右，检查线路、电机、电热、风扇、翻蛋装置，控温通风是否运行正常，将发现的问题在上孵前处理好。一切正常后，机内按每立方米空间15g $KMnO_4$、15ml甲醛溶液计算。先将$KMnO_4$放在瓷盘中，瓷盘放机底上，倒入甲醛溶液，关上机门，熏蒸半小时，再开机门，放出气味。孵化室用30%的石灰水或2%的来苏尔喷洒消毒。

（3）种蛋消毒　入孵前对种蛋进行熏蒸消毒。

（4）上蛋　种蛋经消毒后，将蛋盘端上孵化机内蛋架上安放稳妥，需要上孵人身高1.6～1.7m、劲要大，才能方便上蛋，上蛋后应检查是否放稳、有无滑出情况发生。每隔5～7d上一次蛋，老蛋产的热供新蛋加热用。

2. 入孵后的管理

（1）孵化器管理　现代孵化机基本上是机械化、自动化，操作人员操作比较简便，工作量也小，需要认真负责的工作态度，每时每刻都应有人值班，主要监控机器运行情况，观察温度计数值、湿度计干湿表读数，观察电流表、电压表数值变动，风扇运转情况，底部水盘补加水，调节进气孔的大小，按时翻蛋。如果机器出现故障，应及时排除或请相关技术人员进行排除。孵化后期若湿度达不到70%，用喷雾器喷水，补充湿度。

（2）照蛋是检查胚胎发育情况，将无精蛋或中死蛋及时剔除　第一次照检在孵化的5～7d进行，白壳蛋一般孵化5d照检，褐壳蛋、鸭蛋、鹅蛋多在孵化7d后照检。现在有专门的照蛋器销售。也可自做照蛋器，用薄板钉一个长15cm、宽10cm、高10cm的小盒子，长方体的一端作一个圆孔，安灯头，灯头接1个100W的白灯泡，另一端作一个圆孔，蛋的大端要能放一部分进入孔中。上面做成活动的，可开启和关闭。检蛋时先接上电源，将蛋的大端对着照蛋器射出的光束，观察蛋内容物的情况，若有蛛丝状的血丝，则为受精蛋，黄色透明无血丝者则为无精蛋，有一条或一圈血丝者则为死胚蛋。无精蛋、死胚蛋必须剔除。

（3）转盘或嘌蛋

①转盘：由于孵化机的蛋盘底部是空的，因此孵出的雏禽易落入水盘中溺死；出雏温度较孵化温度低0.5℃。一般孵化、出雏分成两台机器。出壳前1～2d将孵化机中的蛋检到出雏盘（有底），将出雏盘安放在出雏机中，按孵化机操作方法进行管理，但不再翻蛋，1～2d后出雏。

②嘌蛋：对出雏前2～5d的种蛋运到另一个地方出雏称为嘌蛋。一般用直径1.0～1.5m的圆形竹篮，垫上柔软、洁净、干燥的草，将蛋捡到竹篮中，每篮捡一层蛋盖上棉毛毯或麻袋，装上运输工具，可重叠4～5层竹篮，上面盖上棉毛毯。运输工具要快而平稳，最好选用飞机、火车、轮船，没有通航、火车的地方只有用汽车运输，但要防止因震动而损害种蛋。

（4）出雏

①孵化期：鸡21d，鸭28d，鹅31d，瘤头鸭33～35d，火鸡28d，珠鸡26d，鸽18d，鹌鹑17～18d。新鲜种蛋、孵化温度微高，孵化期可缩短；陈蛋、孵化温度偏低、湿度过大，孵化期会延长。

②出雏处理：正常情况下，雏禽自己啄壳，且雏禽多数健壮，待羽毛干燥后，将雏禽捡入垫有碎纸或垫草的纸箱中，转入育雏舍育雏。

（5）停电时的措施　在孵化过程中，偶有停电情况发生，会引起孵化温度降低，造成胚胎死亡。为避免停电给孵化造成的损失，一般大型孵化厂自备柴油机、发电机组，一台出雏机，一台孵化机配柴油机3 675～7 350W，发电机10～15kW。小型孵化厂，可用火炉烧热水加入水盘中，关上机门，加温3～4h。

（6）孵化记录　孵化厂的技术员、工人应做好上蛋日期、上蛋数、种蛋来源、品种、照蛋、出雏数、死胎数、孵化期内温度和湿度变化记录，若孵化机出故障或停电也要做记录，以便总结孵化成绩或教训，改进工作。

第三节　蛋鸡饲养管理

一、育雏前的准备工作

（一）制定育雏计划

为预防疾病传染和提高雏鸡成活率，要采用全进全出的管理制度。全进全出制是指一个鸡舍或全场，饲养同一日龄的雏鸡，如果雏鸡数量不够，不得已分两批，而两批鸡日龄相差不超过5～7d为全进。肉仔鸡养成后于同一时间内全部出售上市称为全出。出场后清洁消毒，每批育雏后的空场时间为1个月。房舍建筑群最好是以小群体为单位的分散建筑。每个小群体单位的间距尽量大些，至少在100m以上，中间有绿色隔离带。

育雏计划首先要考虑到雏鸡的品种、代次、来源和数量。数量要由上笼鸡的数量反推而来，即接雏数量＝上笼鸡数÷育成成活率（一般为95%～98%）÷育成合格率（95%～98%）÷育雏成活率（95%～98%）÷育雏合格率（98%～99%）÷雏鸡雌雄鉴别准确率（96%～98%）。其次为进雏的日期和育雏的时间、饲料需要计划（每只鸡平均每日30g计算）、兽药疫苗计划、阶段免疫计划、地面平养时的垫料计划、体重体尺的测定计划、育雏各项成绩指标的制定、育雏的一日操作规程和光照饲养计划等。

（二）育雏舍及设备的准备

（1）育雏舍的隔离　育雏舍应隔离，远离其他鸡舍，鸡舍四周应有围墙隔离，出入围墙的大门应有消毒池，使车辆进出能经过此池而达到消毒目的。非工作人员不得入舍。

（2）育雏舍的面积　育雏房舍面积由育雏设备占地面积、走道、饲料和工具存放及人员休息场所等构成。如用四层重叠式育雏笼饲养雏鸡，笼具占地50%左右，走道等其他占地面积为50%左右。每平方米（含其他辅助用地）可饲养雏鸡（按养到6~8周龄的容量计算）50只。若是网上平养，每平方米容鸡量为18只左右；地面平养的容量为15只左右。

（3）育雏舍的环境　育雏舍室温要求在20~25℃为宜，要有良好的通风换气设备，舍内灯光布局要合理，保证较均匀的光照。要有供排水设施，以便于真空饮水器的换水和水罐等器具的清洗、消毒等。

（4）鸡舍的消毒　上批雏鸡转走后要对鸡舍进行全面清扫和冲洗，将给水系统、料槽、笼具等全面检修，之后用高压水枪从上到下进行冲洗、消毒。消毒程序如下：天棚、墙壁、地面、笼具，不怕火烧部分用火焰喷烧消毒，然后其他部分和顶棚、墙壁、地面用无强腐蚀性的消毒药物喷洒消毒，包括饲料间，最后用甲醛溶液42ml加21g高锰酸钾/m^3密闭熏蒸消毒24h以上。

（三）饲料、疫苗及药品的准备

育雏前，准备好营养全、易消化、适口性好的不同日龄的雏鸡料，可用雏鸡全价颗粒料直接饲喂，也可按照各种饲料所含养分和适口性多样配合。配制好的全价料不要存放太久，以防止配制后全价料中的维生素A、维生素E等被氧化和霉变及被污染。常用雏鸡配合饲料配方为：玉米40%、高粱5%、黄豆15%、麦麸15%、豆饼10%、菜籽饼8%、鱼粉5%、骨粉1.5%、食盐0.5%。其中蛋白质是雏鸡生长发育必不可少的营养物质。在喂料上应坚持少喂勤添、少吃多餐和吃八成饱的原则。日喂次数一般为：3~15日龄喂7~8次，16~30日龄喂6~7次，31~60日龄喂5~6次。

要准备好育雏常用药和消毒药（如百毒杀等）以及防疫程序所涉及的全部疫苗（如马立克氏病疫苗等）等。

二、鸡苗的选择和接运

（一）鸡苗的选择

鸡苗品质的好坏关系着其以后的生长发育、前期死亡、增重以及免疫接种效果等。要养好后备鸡，首先要有良好的雏鸡。

初生雏的标准：健雏一般活泼好动，眼大有神，羽毛整洁光亮，腹部卵黄吸收良好；手握雏鸡感到温暖、有膘、体态匀称、有弹性、挣扎有力；叫声洪亮清脆。弱雏一般缩头闭目，羽毛蓬乱不洁，腹大，松弛，脐口愈合不良、带血；手感较凉、瘦小、轻飘；叫声微弱、嘶哑，或鸣叫不休，有气无力。

（二）鸡苗的运输

雏鸡的运输是一项重要的技术工作，稍不留心就会给养鸡场带来较大的经济损失。因此，必须做好以下几方面的工作：

（1）运雏用具　所有运雏用具在装运雏鸡前，均先进行严格的消毒。装雏用具要使用专用雏鸡箱，雏鸡箱一般长 50 ~ 60cm、宽 40 ~ 50cm、高 18cm，箱子四周有直径 2cm 左右的通气孔若干，箱内分 4 个小格，每个小格放 25 只雏鸡，可防止挤压。箱底可铺清洁的干稻草，以减轻振动，利于雏鸡抓牢站立，避免运输后瘫痪。冬季和早春运雏要带防寒用品，如棉被、毛毯等。夏季运雏要带遮阳防雨用具。

（2）运雏时间　初生雏鸡体内还有少量未被利用的卵黄，故初生雏鸡在 48h 或稍长一段时间内可以不喂饲料运输。但可喂些饮用水，尤其是夏季或运雏时间较长时，运输过程力求做到稳而快，减少震动。

（3）保温和通风　雏鸡进行装车时要注意将雏鸡箱错开安排，箱子周围要留有通风空隙，重叠层数不能太多。气温低时要加盖保温用品，但不能盖得过严，装车后立即启运，路上要尽量避免长时间停车。运输人员要经常检查雏鸡动态，如见雏鸡张嘴抬头、绒毛潮湿，说明温度太高，要注意通风降温；如见雏鸡拥挤一起，吱吱鸣叫，说明温度偏低，要把雏鸡分开并加盖保温。长时间停车时，要经常将中间层的雏鸡箱与边上的雏鸡箱对调，以防中间的雏鸡受闷。

（4）合理安放　雏鸡运到后，要及时接入准备好的育雏室内，将健雏和弱雏分开养育，以使雏鸡生长整齐，成活率高，及早处理掉过小、过弱及病残雏。捡鸡动作要轻，不要扔掷，否则会影响雏鸡日后的生长发育。

（三）接雏的方法

用户向种鸡场或孵化场预购雏鸡，一定要按照场方通知的接雏时间按时到达。雏鸡运到目的地后，要尽快将雏鸡从鸡盒内拿出放在栏内并清点数量。雏鸡全部放完后，应选择一定比例的鸡，把鸡的嘴浸入饮水器中使其尽快认识饮水器并学会饮水，部分鸡学会饮水后，其他的雏鸡会很快模仿。雏鸡入舍后最初 3 ~4h 仅供饮水，并保证饮水充足。

雏鸡开食时，为避免雏鸡暂时营养性腹泻，可以喂给每只鸡 1 ~2g 小米或碎大米（够 1h 采食完即可），采食完 4h 后再喂给饲料。

育雏期最好采取地面平养，其成活率较高。若采用笼养和地板上育雏，早期应铺放孔径较小的塑料网，其他覆盖物或垫料的方法，以减少腿病的发生。

三、雏鸡的饲养管理

（一）初饮及日常饮水

（1）初饮　给雏鸡首次饮水称为“初饮”。雏鸡出壳后，一般应在其绒毛干后 12 ~24h 开始初饮，此时不给饲料。冬季水温宜接近室温（16 ~20℃），炎热天气尽可能提供凉水。最初几天的饮水中，通常每升水中可加入 0.1g 高锰酸钾，以利于消毒饮水和清洗胃肠，促进小鸡胎粪的排出。经过长途运输的雏鸡，饮水中可加入 5% 的葡萄糖或蔗糖、多维素或电解质液，以帮助雏鸡消除疲劳，尽快恢复体力，加快体内有害物质的排泄。育雏头几天，饮水器、盛料器应离热源近些，便于鸡取暖、饮水和采食。立体笼养时，开始一周在笼内饮水、采食，一周后训练在笼外饮水和采食。

雏鸡出壳后一定要先饮水后喂食，而且要保证清洁的饮水持续不断地供给。因为出雏后体内水分消耗很大，加上雏鸡体内还残留的蛋黄需要水分来帮助吸收。另外，育雏室温度较高，空气干燥，雏鸡呼吸和排泄时会散失大量水分，也需要靠饮水来补充水分以维持体内水代谢的平衡，防止其因脱水而死亡。因此，饮水是育雏的关键。

（2）日常饮水　雏鸡的饮水器应勤换新水、勤清洗，要保证常有清新的饮水。要求育雏期内每只雏鸡最好有 2cm 的饮水位置，或每 100 只雏鸡有 2 个 4.5L 的塔式饮水器。饮水器一般应均匀分布于育雏室或笼内，并尽量靠近光源、保护伞等，避开角落放置，饮水器的大小及距地面的高度应随维鸡日龄的增加而逐渐调整。雏鸡的需水量与品种、体重和环境温度的变化有关。体重越大，生长越快，需水量越多；中型品种比小型品种饮水量多；高温时饮水量较大。一般情况下，雏鸡的饮水量是其采食干饲料的 2～2.5 倍。需要注意的是：雏鸡的饮水量忽然发生变化，往往是鸡群出现问题的信号，比如鸡群饮水量突然增加，而且采食量减少，可能有球虫病、传染性法氏囊病等发生，或者饲料中含盐分过高等。

（二）开食及日常喂料

（1）开食　给初生鸡第一次喂料称为开食。刚出壳的雏鸡体内有足够的卵黄，3～5d 内可供给雏鸡部分营养物质，适时开食有助于雏鸡腹内蛋黄吸收，有利于胎粪排出，促进其生长发育，是育雏工作中的重要环节。适时开食非常重要，原则上要等到鸡群羽毛干后并能站立活动，且有 2/3 的鸡只有寻食表现时进行。开食不宜过早，开食过早会因消化器官脆弱而使其受到损害，过晚开食则会消耗体力和营养物质，不利于雏鸡的生长发育。开食一般是在出壳后 24～36h 进行。

开食时的饲料放在平盘或塑料蛋盘上，稍加拌湿的饲料为最佳，并且拌有一定比例的多维素和抗生素，若有条件还可在雏鸡料中加一些大蒜汁，可预防雏鸡消化道疾病。饲料要现拌现用，采取勤添少喂的方法，尤其是在夏天，一般情况下一天喂料 4～6 次。一周以后可改用饲料槽装料饲喂雏鸡。

（2）日常喂料　开食后，实行自由采食。饲喂时要掌握“少喂勤添八成饱”的原则，每次喂食应在20～30min内吃完，以免幼雏贪吃，引起消化不良、食欲减退。从第2周开始要做到每天下午料槽内的饲料必须吃完，不留残料，以免雏鸡挑食，造成营养缺乏或不平衡。一般第一天饲喂2～3次，以后每天喂5～6次，6周后逐渐过渡到每天4次。喂料时间要相对稳定，喂料间隔基本一致（晚上可较长），不要轻易变动。从2周龄起，料中应开始拌1%的沙粒，粒度从小米粒逐渐增大到高粱粒大小。

四、育成期的饲养管理

（一）育成鸡的限制饲养

1. 限饲的目的和作用

（1）延迟性成熟　通过限饲可使性成熟适时化和同期化，抑制其性成熟，这是由于限饲首先控制了卵巢的发育和体重，个体间体重差异缩小，产蛋率上升快，到达5%产蛋率所需的日数。限制饲喂一般可以使性成熟延迟5～10d。

（2）降低产蛋期间的死亡率　在育成阶段的限制饲喂过程中，可能使鸡群死亡率增高，然而进入产蛋阶段的鸡群体质较强，死亡率则较低。原因是非健康鸡在限制饲喂期间因耐受性差而死亡，防止了多养不产蛋造成的浪费，提高了经济效益。

（3）节省饲料　在育成期进行限制饲喂，鸡的采食量比自由采食时食量减少，可节省10%～15%的饲料，从而降低了饲养成本。

（4）控制生长发育速度　可以防止母鸡过多的脂肪沉积，并使开产后小蛋数量减少。

2. 限饲方法

（1）限饲的常用方法　主要采用限制全价饲料的饲喂量的办法。

①每日限饲法：每天减少一定的饲喂量，一般是全天的饲料集中在上午一次性供给。

②隔日限饲法：将 2d 减少后的饲料集中在 1d 喂给，让其自由采食，可保证均匀度。

③三日限饲法：以 3d 为一段，连喂 2d，停 1d，将减少后的 3d 的饲喂量平均分配在 2d 内喂给。

④五二限饲法：在 1 周内，固定 2d（如周二和周六）停喂，将减少后的 7d 的饲喂量平均分配给其余 5d。

以上四种方法的限饲强度是逐渐递减的，可根据实际情况选择使用，一般接近性成熟时要用低强度的限饲方法过渡到正常采食。

（2）限饲的起止时间　蛋鸡一般从 6 ~ 8 周龄开始，到开产前 3 ~ 4 周结束，即在开始增加光照时间时结束（一般为 18 周龄）。必须强调的是，限饲必须与光照控制相一致，才能起到应有的效果。

3. 限饲注意事项

①限饲前要整理鸡群，挑出病弱鸡，清点鸡只数。

②给足食槽位置，至少保证 80% 的鸡能同时采食。

③每 1 ~ 2 周在固定时间随机抽取 2% ~ 5% 的鸡只空腹称重。

④限饲的鸡群应经过断喙处理，以免发生互啄现象。

⑤限饲鸡群发病或处于接种疫苗等应激状态，应恢复自由采食。

⑥补充沙粒和钙。从 7 周龄开始，每周每 100 只鸡应给予 500 ~ 1 000g 沙粒，撒于饲料面上，前期用量小且沙粒直径小，后期用量大且沙粒直径增大。这样，既可提高鸡的消化能力，又能避免肌胃逐渐缩小。从 18 周龄到产量率为 5% 的阶段，日粮中钙的含量应增加到 2% 。由于鸡的性成熟时间可能不一致，晚开产的鸡不宜过早增加钙量。因此，最好单独喂给 1/2 的粒状钙料，以满足每只鸡的需要，也可代替部分沙粒，改善食口

性和增加钙质在消化道内的停留时间。

（二）育成鸡的管理

从育雏结束到转入产蛋鸡舍前这段时间称作育成期，即7～18周龄。育成鸡饲养的好坏直接影响到产蛋鸡生产性能的发挥，从而影响到鸡场的经济效益。

1. 适时转群

要提前准备好育成舍。主要包括育成舍的清洗、消毒、检修、空舍等。转群对于育成鸡是不可避免的，鸡群将产生应激。因为转群后给料、饮水器具一般都要发生改变，再加上惊吓，鸡群几天之后才能适应，鸡群出现采食量下降，继而导致体重、体质下降，性成熟推迟。在生产实践中要尽量减少应激。转群前后2～3d内增加多种维生素1～2倍或饮电解质溶液；转群前6h应停料；转群后，根据体重和骨骼发育情况逐渐更换饲料。

2. 育成鸡的日常管理

（1）饮水　保证饮水清洁充足，定期洗刷消毒水槽和饮水器。

（2）喂料　喂料要均匀，日喂三次，每天要净槽。

（3）环境控制

①温度：育成鸡的最佳生长温度是21℃左右，一般控制在15～25℃。夏天要注意做好防暑降温工作，冬天注意做好保温工作。

②通风：尤其是深秋、冬季及初春的通风，一定要与温度协调起来。

③清粪：清粪一定要及时，每2～4d 1次。因为鸡粪过多，会导致有害气体含量过高，从而诱发呼吸道疾病。

④光照：转群的当天连续光照24h，使鸡尽早熟悉新环境，尽早开始吃食和饮水。

（4）卫生预防　工作人员应按照推荐的免疫程序做好免疫工作。

（5）分群饲养 首先要将一些瘦弱的鸡挑出，单独饲喂提高其营养水平。平时将一些不合格的鸡检出，进行隔离饲养。有条件的鸡场最好在70～90日龄对鸡群进行一次整理，分出大、中、小三群，分别进行饲养管理。

3. 驱虫

地面养的雏鸡与育成鸡比较容易患蛔虫病与绦虫病，15～60日龄易患绦虫病，2～4月龄易患蛔虫病，应及时对这两种内寄生虫病进行预防，增强鸡只体质和改善饲料效率。

4. 接种疫苗

应根据各个地区、各个鸡场以及鸡的品种、年龄、免疫状态和污染情况的不同，因地制宜地制定本场的免疫计划，并切实按计划落实。

五、产蛋期的饲养管理

（一）产蛋期的生理特点和产蛋规律

1. 生理特点

（1）开产后身体尚在发育 刚进入产蛋期的母鸡，虽然性已成熟，但身体仍在发育，体重继续增长，开产后24周，约达54周龄后生长发育基本停止，体重增长较少，54周龄后多为脂肪积蓄。

（2）产蛋鸡富有神经质，对于环境变化非常敏感 鸡产蛋期间，饲料配方的变化，饲喂设备的改换，环境温度、湿度、通风、光照、密度的改变，饲养人员和日常管理程序等的变换，鸡群发病、接种疫苗等应激因素等，都会对产蛋产生不利影响。

（3）不同时期对营养物质的利用率不同 刚到性成熟时期，母鸡身体贮存耗的能力明显增强。随着开产到产蛋高峰，鸡对营养物质的消化吸收能力增强，采食量持续增加。而到产蛋后期，其消化吸收能力减弱，脂肪沉积能力增强。

开产初期产蛋率上升快，蛋重逐渐增加，这时如果采食量跟不上产蛋的营养需要，那么会使鸡被迫动用育成期体内贮备的营养物质，结果体重增加缓慢，以致抵抗力降低，产蛋不稳定。

2. 产蛋规律

在蛋鸡饲养过程中，掌握其产蛋规律并根据其规律增减饲料的数量及营养成分，可以充分发挥鸡的生产性能，提高饲料利用率。鸡在产蛋年中，产蛋期一般可分为3个阶段：即始产期、主产期和终产期。

（1）始产期　从产第一个蛋到开始正常产蛋称为始产期，此期约为15d。在此期间，鸡产蛋无规律性，蛋往往不正常。常出现产蛋间隔时间长、产双黄蛋、产软壳蛋或产很小的蛋。

（2）主产期　此期产蛋模式趋于正常，每只蛋鸡均具有特有的产蛋模式，产蛋率逐渐提高，大约在35周龄，产蛋率达到高峰，然后逐渐下降。主产期是蛋鸡产蛋年中最长的产蛋期，对产蛋量起着重要的作用。因此，在此期间，要增加蛋白质、矿物质和维生素饲料的喂量，并注意添加蛋氨酸、赖氨酸等添加剂，以满足蛋鸡大量产蛋的需要。

（3）终产期　此期时间相当短，鸡还能产一部分蛋，但由于其脑下垂体产生的促性腺激素减少，产蛋量迅速下降，直到不能形成卵子而结束产蛋。此期开始可进行维持饲养，在保证其身体健康的前提下，适当减少蛋白质、碳水化合物等精饲料的喂量，增加粗饲料的喂量，以达到降低饲养成本的目的。

（二）产蛋鸡的饲养

1. 产蛋鸡的营养与饲料

在产蛋高峰期，为满足蛋重的增加和鸡体生长发育的需要，必须要有较多的营养物质供应，如果营养物质供应不足，会影响产蛋高峰的上升和对产蛋高峰的维持。

对饲料的品质要求营养完善、混合均匀、适口性好、颗粒适中、消化率高、无污染。高峰期日粮中蛋白质、矿物质和维生素水平要高，各种营养素要全面平衡。日粮中蛋白质的含量为19%～20%，代谢能为11.5MJ/kg，钙为3.7%～3.9%，有效磷为0.65%～0.7%；要保证日粮中各种氨基酸比例的平衡，并含有足够量的复合维生素、矿物盐及酶类物质，否则难以保证在高峰期维持较长的时间。

2. 饮水与喂料

产蛋期要保证饮水供给和清洁卫生，产蛋期不可断水，水温一般为13～18℃，冬季不低于0℃，夏季不高于27℃。饮水用具需要勤清洗消毒。一般产蛋鸡的日喂料次数为3次，早晨开灯后第一次、中午前后第二次、傍晚于关灯前第三次。3次喂料量分别占全天喂料总量的35%、25%和40%，应特别重视早、晚两次喂料。喂料时料槽中的料要均匀。鸡的采食量与日粮的能量水平、鸡群健康、环境条件和喂料方法等因素有关，一般的耗料标准见下表。

表　产蛋鸡耗料参考标准

周龄	轻型鸡耗料量/g	中型鸡耗料量/g
20	95	100
21	100	105
22	108	113
23	112	117
24周以后	118	122

生产中，喂料量的多少应根据鸡群的采食情况来确定。每天早上检查料槽，槽底有很薄的料末，说明前天的喂料量是适宜的。如果槽底很干净，说明喂料量不足；如果槽底有余料，说明喂料量多。当鸡群产蛋率到一定高度不再上升时，为了检验是否由于营养供应问题而影响产蛋率上升，可以采用探索性增料技术来促使产蛋率上升。具体操作是：每只鸡增加2～3g饲料，饲喂1周，观察产蛋率是否上升，若没有上升，说明不

是营养问题，恢复到原先的喂料量；若有上升，再增加1～2g料，观察1周，如果产蛋率不上升，停止增加饲料。经过几次增料试探，可以保证鸡群不会因为营养问题而影响产蛋率上升。

（三）提高产蛋量措施

（1）选择优质的蛋鸡品种　不同的蛋鸡品种生产性能不同，对疾病的抵抗力和对气候、饲料的要求也不同。在购买鸡苗时，要到正规的大型种鸡场购买，根据当地的实际情况选择抗病力强、饲料消耗适中的纯正蛋鸡品种。

（2）养好后备鸡群　要使产蛋高峰期长久持续、产蛋率居高不下，必须把蛋鸡的各项生理功能调整到最佳状态。在开产前有重点地调养那些体质较弱的鸡，把弱鸡变强，提高鸡群发育的整齐度，使鸡群总体的体成熟时间、性成熟时间、开产时间一致，才能为蛋鸡生产潜力的充分发挥打下坚实的基础。

（3）抓好产蛋期间的管理　产蛋高峰期间，应注重营养的补充特别是氨基酸、钙质和维生素的补充。强化日常饲养管理，保障最适宜的温度范围，保持舍内通风换气良好，制定合理的光照方案，制订详细实际的免疫程序以保障综合卫生防疫措施的顺利实施，尽量减少环境条件的突然变化带来的应激等。

（4）选择优质蛋鸡饲料　蛋鸡必须摄入足够的营养，在保证自身需求的前提下才能将剩余的营养转化成鸡蛋，所以饲料的选择尤为关键。在日常饲养管理中应注意按饲养标准喂给全价的配合料，禁用霉变饲料和劣质添加剂，生产中在面对温度变化和阶段饲养等因素影响时，要适时调整饲粮营养成分，所有饲粮成分的调整都必须逐步进行，切忌骤变。

（5）要科学合理用药　产蛋期应加强饲养管理，防止疾病的产生，尽量不用药。一旦发病须谨慎用药，在日常饲养过程中，可以定期适当地在饲料中添加一些具有抗菌、抗病毒作用的中草药，如大青叶、板蓝根等，这样既不影响产蛋，又能起到增强机体抵抗力、预防疾病的作用。

第四节　肉鸡饲养管理

一、肉用仔鸡的饲养管理

（一）肉用仔鸡生产前准备

1. 饲养方式选择

（1）地面散养　地面散养是目前最普遍使用的方式。垫料的方式可采用经常松动垫料，必要时更换垫草的方式，或者采用厚垫草饲养法，即不更换垫料，根据垫料的污染程度，连续加厚，待仔鸡出售时一次出清的方法。地面饲养的优点是投资少，设备简单，残次品少。缺点是占地面积多，需要大量垫料，并容易通过粪便传染疾病。

（2）网上平养　网上平养是将鸡养在特制的网床上，网床由床架、底网及围网构成。网眼的大小以使鸡爪不进入而又可落下鸡粪为宜。如果采用金属网床，即可采用12～14号镀锌铁丝制成。网眼大小为1.15cm×1.25cm。底网离地面50～60cm。网床大小可根据鸡舍面积具体安排，但应留足够的走道，以便操作。采用网上平养，每平方米容纳鸡数比地面散养多0.5～1倍。网上平养管理方便，劳动强度小，鸡群与鸡粪接触少，可大大减少白痢病和球虫病的发病率。

（3）笼养　笼养又称立体化养鸡。从出壳至出售都在笼中饲养。随日龄和体重的增大，一般可采用转层、转笼的方法饲养。肉用仔鸡笼养便于机械化、自动化管理，鸡舍利用率高、燃料、垫料、劳力都可节约，还可以有效控制球虫病、白痢病的蔓延等，但笼养肉用仔鸡第一次投资大，特别是胸囊肿的发生率高，如果饲养不当，还会出现胸骨弯曲和软腿病等，目前不能普及。

2. 肉鸡舍准备

饲养肉用仔鸡前应做好以下准备工作。

（1）饲养人员的配备　要求饲养人员责任心强，能吃苦，具备一定的养鸡专业知识和饲养管理经验。

（2）鸡舍、用具的准备与消毒　进鸡前要对鸡舍进行全面检修，平养肉鸡必须提供适宜的温度、通风和足够的饲养面积，满足鸡生长的需要。在冬季鸡舍要保温，能适当调节空气；夏季要便于通风透气，并能保持干燥。

肉用仔鸡舍每批鸡出场后，要彻底清洗消毒，鸡群转出后最好能空闲2～3周。鸡舍可用甲醛溶液熏蒸（每立方米用甲醛溶液15ml，高锰酸钾7.5g）24～48h，然后换新鲜空气，关闭待用。在进雏前1～2d开始升温，升到适当温度，并保持稳定。水槽、料槽等可分别用生石灰粉和1%烧碱水消毒，然后用水冲洗干净，在阳光下晒干即可使用。水槽：每只鸡需保证拥有2cm长的水槽。料槽：每只鸡需保证拥有25cm食槽。

3. 饲料和药品准备

根据肉鸡营养需要和雏鸡日粮配方，准备好各种饲料，特别是各种饲料添加剂、矿物质饲料和动物性蛋白质饲料。要准备一些常用的消毒药、抗白痢、球虫药、防疫用疫苗等。建立和健全记录制度。准备好必要的饲养记录。

（二）肉用仔鸡的饲养原则

1. 适时地"开水""开食"

适时开食有助于雏鸡体内卵黄充分吸收和胎粪的排出，对雏鸡早期生长有利。开食时间在开水后或同时进行。

（1）开食　给初生雏鸡第一次喂料称作开食。开食的时间不宜过早，因为过早胃肠黏膜还很脆弱，易引起消化不良。另外，还影响卵黄吸收，开食也不宜过晚，过晚会使雏鸡体内残留的卵黄消耗过多，使之虚弱而影响发育。5日龄前的雏鸡可将饲料撒在深色的厚纸或塑料布上，也可放在浅盘中，增加照明，以诱导雏鸡自由啄食。5日龄后改用料槽饲喂，随着鸡的生长，保持槽边高度与鸡背平齐，使每只鸡有2～4cm长的槽位。雏鸡开食可直接用全价料，少给勤添，自由采食。

（2）开水　初生雏鸡第一次饮水称为“开水”。开水最好在出壳后24h内进行。雏鸡运到育雏舍后，要尽快使其饮上水，适时饮水可补充雏鸡生理所需水分，有利于促进胃肠蠕动、吸收残留卵粪、排卵胎粪、增进食欲、利于开食。有助于促进食欲和对饲料的消化吸收。饮水最好在雏鸡出壳后12～24h内进行，最长不超过36h，且在开食前进行。初饮时可先人工辅助使雏鸡学会饮水，将饮水器均匀摆放在料槽之间，并保证每只雏鸡有1～2cm的槽位。饮水温度应与舍温接近，保持在20℃左右，最好在饮水中加入适量青霉素（2 000IU/只）、维生素C（0.2mg/只）和5%～8%葡萄糖或白糖。最初几天还可在饮水中加入0.01%的高锰酸钾，可消毒饮水、清洗胃肠和促进胎粪排出，有助于增强雏鸡体质，提高雏鸡成活率。另外，要做到自由饮水，并保持饮水清洁卫生。随着肉仔鸡日龄的增加，及时调整饮水器的高度，使饮水器边缘与鸡背相近。

2. “全进全出”制

“全进全出制”是指在同一栋鸡舍同一时间内只饲养同一日龄的雏鸡，经过一个饲养期后，又在同一天（或大致相同的时间内）全部出栏。

这种饲养制度有利于切断病原的循环感染，便于饲养管理，有利于机械化作业，提高劳动效率；“全进全出制”鸡舍便于管理技术和防疫措施等的统一，也有利于新技术的实施；在第一批出售、下一批尚未进雏的1～2周为休整期，鸡舍内的设备和用具可进行彻底打扫、清洗、消毒与维修，能有效消灭舍内的病原体，切断病原的循环感染，也提高了鸡舍的利用率。这种“全进全出制”的饲养制度与在同一栋鸡舍里饲养几种不同日龄的鸡相比，具有增重快、耗料少、死亡率低的优点。

3. 公母分群饲养

公鸡与母鸡因生理基础不同，生长速度、羽毛生长速度和营养需要不同，为提高经济效益，生产上应分群饲养。分群饲养按性别的差异分别配制饲料，提高了饲料利用率，减少了浪费；使整个群体均匀整齐度提高，有利于批量上市和机械化屠宰加工，可提高产品的规范化水平，使鸡群的发病率、死淘率都大大低于混养方式，胸囊肿等缺陷率下降。

（三）肉用仔鸡的日常管理

1. 适宜的环境条件

现代肉鸡的早期生长速度很快，科学合理地做好育雏工作，使雏鸡有一个良好的开端，对肉鸡生产具有极其重要的意义。

在肉用仔鸡饲养的早期，应保持较高的湿度和温度，使雏鸡对外界环境有一个适应过程。鸡舍内的相对湿度可保持在70%左右。低湿度（育雏阶段低于50%的相对湿度）将导致鸡只脱水，对鸡只的生产性能产生负面影响。

要注重舍内的空气质量。通风可减少舍内有害气体量，增加氧气量，使鸡处于健康的正常代谢之中；通风还能降低舍内湿度，保持垫料干燥，减少病原繁殖。通过合理的通风换气，使温度和湿度保持在适当的水平，将有害气体排出舍外。在生产中，一般第1~2周以保温为主，适当注意通风，第3周开始则要适当增加通风量和通风时间，第4周以后除非冬季，则应以通风为主。特别是夏季，通风不仅能给鸡群提供充足的氧气，同时还能降低舍内温度，提高采食量与生长速度。

2. 适当的密度

饲养密度对肉用仔鸡的生长发育有着重大影响。密度应根据禽舍的结构、通风条件，饲养管理条件及品种来决定。密度过大，鸡的活动受到限制，空气污浊，湿度增加，会导致鸡只生长缓慢，群体整齐度差，易感染疾病，死亡率升高，且易养成啄肛、啄羽等恶癖，降低肉用仔鸡品质；密度过小，则浪费空间，饲养定额少，成本增加。随着雏鸡的日益长大，每只鸡所占的地面面积也应增加。

3. 加强卫生管理，严格防疫

搞好肉用仔鸡鸡舍环境卫生做好肉用仔鸡的疫苗接种及药物防治工作，是养好肉用仔鸡的重要保证。鸡舍的入口处要设消毒槽；垫草要保持干燥，饲喂用具要经常刷洗，并定期用0.2%的高锰酸钾溶液浸泡消毒。

4. 密切观察鸡群

在肉用仔鸡生产中，在搞好日常管理的同时，饲养人员要经常深入鸡舍，耐心细致地查看鸡群状况，确保鸡群的健康，防止疫病的发生。

（1）采食观察　饲养肉用仔鸡，采用自由采食，其采食量应逐日递增，若发现异常变化，应及时分析原因，找出解决的办法。

（2）饮水观察　检查饮水是否干净，饮水器或槽是否清洁，水流有无不出水或水流过大而外溢的现象，看鸡的饮水量是否适当，要防止不足或过量。

（3）精神状态观察　健康鸡眼睛明亮有神，精神饱满，活泼好动，羽毛整洁，尾翘立，冠红，爪光亮；病鸡则表现为冠发紫或苍白，眼睛混浊、无神，精神不振，呆立在鸡舍一角，低头垂翅，羽毛蓬乱，不愿活动。

（4）啄癖观察　若发现鸡群中有啄肛、啄趾、啄羽、啄尾等啄癖现象，应及时查找原因，采取有效措施。

（5）粪便观察　在刚清完粪时观察鸡粪的形状、颜色、干稀、有无寄生虫等，以此确定鸡群的健康状况。如雏鸡拉白色稀粪并有糊尾现象，则可疑为鸡白痢；血便可疑为球虫病；绿色粪便可疑为伤寒、霍乱等；稀便可疑为消化不良、大肠杆菌病等。发现异常情况要及时诊治。

（6）计算死亡率　正常情况下第一周死亡率不超过3%，以后平均日死亡率在0.05%左右。发现死亡率突然增加，要及时进行剖检，查明原因，以便及时治疗。

5. 做好日常记录

生产上要做好日常统计工作，填写记录表格。生产记录包括饲料消耗量、存活鸡数、死淘只数、舍内温度、湿度、鸡群状态等内容。每7d抽样称重1次，以及疫苗接种、用药时间和剂量等。

二、优质肉鸡的饲养管理

优质商品肉鸡生产的目的是提供达到市场要求的体重且整齐一致的肉鸡。优质肉鸡新陈代谢旺盛，生长速度较快，必须供给高蛋白、高能量的全面配合饲料，才能满足机体维持生命和进行生长的需要。优质肉鸡的整个生长过程均应采取自由采食，才能提高饲料利用率，提高经济效益。

（一）饲喂方案和饲喂方式

生产中优质肉鸡通常有两种饲喂方案：一种是使用两种日粮方案，即将优质肉鸡的生长分为两个阶段进行饲养，即0～35日龄（0～5周龄）的幼雏阶段，36日龄至上市（或6周龄至上市）的中雏、肥育阶段。这两个阶段分别采用幼雏日粮和中雏日粮，这种喂养方案可称为“2阶段制饲养”。另一种是使用3种日粮方案，即将优质肉鸡的生长分为3个阶段，即0～35日龄的幼雏阶段，36～56日龄的中雏阶段，57日龄至上市的肥育阶段。这3个阶段分别采用幼雏日粮、中雏日粮、肥育日粮进行饲养，这种喂养方案可称为“三阶段制饲养”。

饲喂方式可分为两种：一种是定时定量，就是根据鸡日龄大小和生长发育的要求，把饲料按规定的时间分为若干次投给的饲喂方式，一般在4周龄以前每日喂4～6次，从6时至23时分隔数次投料，投喂的饲料量以在下次投料前半小时能食完为准。这种方式有利于提高饲料的利用率；另一种是自由采食的方式，就是把饲料放在饲料槽内任鸡随时分食。一般每天加料1～2次，终日保持饲料器内有饲料。这种方式较多采用，不仅鸡的生产速度较快，还可以避免饲喂时鸡群抢食、挤压和弱鸡争不到饲料的现象，使鸡群都能比较均匀地采食饲料，生长发育也比较均匀，减少因饥饿感引起的啄癖现象。

（二）饲养管理

（1）光照管理　光照可延长肉鸡采食的时间，使其快速生长。光照时间通常为每天23h光照、1h黑暗，光照强度不可过大，否则会引起啄癖现象。开放式鸡舍白天可通过遮盖部分窗户采取限制部分自然光照。随着鸡的日龄增加，光照强度则由强变弱。1～2周龄时，每平方米应有2.7W的光量（灯距离地面2m）；从第3周龄开始，改用每平方米1.3W；4周龄后，改用弱光可使鸡群安静，有利于生长。

（2）防止啄癖　优质肉鸡活泼好动，喜好追逐打斗，易引起啄癖。啄癖不仅会导致鸡的死亡，而且影响以后的商品外观，给生产者带来经济损失。

引起啄癖现象的原因很多，如饲养密度过大、舍内光线过强、饲料中缺乏某种氨基酸或氨基酸比例不平衡、粗纤维含量过低等。在生产中，一旦发现啄癖现象，需将被啄的鸡只捉出栏外，隔离饲养，啄伤的部位涂以紫药水或鱼石脂等带颜色的消毒药；检查饲养管理工作是否符合要求，如管理不善应及时纠正；饮水中应添加0.1%的氯化钠；饲料中增加矿物质添加剂和多种复合维生素。如采用上述方法鸡群仍继续发生啄癖现象以及在啄癖现象很严重时，应对鸡群进行断喙。

三、肉用种鸡的饲养管理

（一）饲养方式

传统饲养肉种鸡一般采用全垫料地面方式，但由于密度小，舍内易潮湿和窝外蛋较多等原因，当今很少采用。目前，采用比较普遍的肉用种鸡饲养方式有以下3种。

1. 漏缝地板

有木条、硬塑网和金属网等类漏缝地板，均高于地面约

60cm。金属网地板须用大量金属支撑材料，但地板仍难平整，因而配种受精率不理想。硬塑网地板平整，对鸡脚很少伤害，也便于冲洗消毒，但成本较高。目前，多采用木条或竹条的板条地板，地板造价低，但应注意刨光表面和棱角，以防扎伤鸡爪而造成较高的趾瘤发生率。木（竹）条宽2.5~5.1cm，间隙为2.5cm。板条的走向应与鸡舍的长轴平行。这类地板在平养中饲养密度最高，每平方米可饲养种鸡4.8只。

2. 混合地面

漏缝结构地面与垫料地面之比通常为3:2或2:1。舍内布局常见在中央部位铺放垫料，靠墙两侧安装木（竹）条地板，产蛋箱在木条地板的外缘，排向与舍的长轴垂直，一端架在本条地板的边缘，一端吊在垫料地面的上方，这便于鸡只进出产蛋箱，减少占地面积。混合地面的优点是：种鸡交配大多在垫料上比较自然，有时也撒些谷粒，让鸡爬找，促其运动和配种。在两侧木板或其他漏缝结构的地面上均匀安放料槽与自流式饮水器。鸡粪落到漏缝地板下面，使垫料少积粪和少沾水。这类混合地面的受精率要高于全漏缝结构地面，饲养密度稍低一些，每平方米养种鸡4.3只。

3. 笼养

近年来肉用种鸡饲养多用笼养方式。使用每笼养两只种母鸡的单笼，采用人工受精，既提高了饲养密度，又获得了较高而稳定的受精率。肉用种母鸡每只占笼底面积720~800cm^2。一般笼架上只装两层鸡笼，便于抓鸡与输精，喂料与捡蛋。

肉用种鸡笼养增加了饲养密度，节约饲料，提高了种公鸡的利用率，孵化率高和劳动效率提高，可大大提高经济效益。

（二）肉种鸡的限制饲养

1. 限制饲养的方法

肉用种鸡限制饲养的限饲技术运用得当，能充分发挥种用肉鸡的优良生产特性和获得较好的养鸡经济效益。肉用种鸡饲料限饲常用方法如下。

（1）限制饲粮营养水平　此方法不限制饲喂量。主要降低配合日粮蛋白质和能量水平，但对钙、磷等微量元素和维生素做到充分供给，这样会有利于种鸡骨骼和肌肉的生长发育。

（2）限制饲粮的饲喂量　鸡的日粮限量一般从 3 周龄开始。可采用每天限饲，即按一天的需要量采取一次喂给，切不可多次喂；或隔日限饲，即采用隔天喂 1 次，将 2d 的饲料采取一次喂给；或一个星期停喂两天：如以周三、周五为限饲日，周日一次喂一天量，周二喂两天量，周三不喂料，周四喂两天量，周五不喂料，周末晚间随机抽样 2% ~5%，称个体重，做详细记录与标准体重进行比较，计算均匀度。

2. 饲料限饲应注意的问题

在应用限制饲喂程序时，应注意在任何一个喂料日，其喂料量均不可超过产蛋高峰期的料量。限制饲喂一定要有足够的料槽、饮水器和合理的鸡舍面积，使每只鸡都能均等地采食、饮水和活动。限喂的主要目的是限制摄取能量饲料，而维生素、常量元素和微量元素含量要满足鸡的营养需要。限制饲喂会引起饥饿应激，容易诱发恶癖，所以应在限饲前（7 ~10 日龄）对母鸡进行正确的断喙，公鸡还需断内趾。限制饲喂时应密切注意鸡群健康状况。鸡群在患病、接种疫苗、转群等应激状态时要酌量增加饲料或临时恢复自由采食，并要增喂抗应激的维生素 C 和维生素 E。在育成期，为了更好地控制体重，公母鸡最好分开饲养。停饲日不可喂沙粒。平养的育成鸡可按每周每 100 只鸡投放中等粒度的不溶性沙粒 300g 作垫料。

第五节　鸡的疾病防治

一、鸡新城疫

（一）临诊症状

潜伏期一般为 3 ~5d。根据临诊表现和病程控制长短可分为最急性型、急性型、亚急性型或慢性型。

最急性型：无任何症状，突然死亡。

急性型：病鸡体温升高达 42～44℃，采食量下降，精神沉郁，离群呆立，羽毛稀松，缩颈闭眼，产蛋量下降，软壳蛋增多，蛋壳颜色变浅。咳嗽、呼吸困难，吸气时伸颈呼吸，时常发出“咯咯”叫声，嗉囊充满酸臭液体。病鸡倒悬可从口中流出酸液，排黄绿色稀粪。有的病鸡有神经症状，头颈后仰呈“S”状，站立不稳，转圈运动，最后衰竭死亡。

亚急性或慢性型：早期症状不明显，渐进性瘦弱，直至死亡。

（二）防治措施

平时做好免疫接种工作。制订严格的卫生防疫措施，防止外来病原侵入鸡群。鸡新城疫苗有Ⅰ系、Ⅱ系、Ⅲ系、Ⅳ系等 4 个品系。Ⅰ系为中等毒力疫苗，其他 3 种为弱毒力疫苗。弱毒苗适用于雏鸡。一般于 7～10 日龄与 30 日龄用新城疫Ⅳ系苗滴鼻和点眼免疫。接种后一般不引起不良反应。

二、马立克病

（一）临诊症状

神经型：主要侵害外周神经，坐骨神经受侵害时可造成两腿瘫痪，或一腿向前伸，一腿向后伸，俗称“劈叉腿”。当侵害臂神经时，造成翅膀下垂无力。

内脏型：精神沉郁，采食下降，随着病程发展逐渐消瘦，最后至死亡。

眼型：虹膜褪色，瞳孔边缘不整，失明。

（二）防治措施

蛋鸡易感马立克病，发病后没有有效的治疗方法，应以预防为主。一般于出壳后 1d 内皮下注射马立克病疫苗，平时要做好卫生消毒工作，定期带鸡消毒，做好预防接种工作。

三、传染性法氏囊病

（一）临诊症状

潜伏期2～3d，羽毛松乱，如刺猬状，精神沉郁，食欲不振，体温升高，排黄白色水样稀便，病鸡最后脱水导致衰竭死亡。

（二）防治措施

加强卫生消毒工作，制订合理免疫程序。一般于15日龄和24日龄用传染性法氏囊病弱毒苗滴鼻或饮水。发病早期可紧急肌内注射高免血清或高免卵黄液1～2ml，同时利用抗生素药物预防并发症。

四、传染性支气管炎

（一）临诊症状

病鸡呼吸困难，伸颈张口呼吸，咳嗽，精神沉郁，羽毛松乱，翅膀下垂，且常有挤堆现象。成年产蛋鸡产蛋量下降，产软壳蛋，蛋黄和蛋白容易分离。肾型传染性支气管炎呼吸道症状轻微，但下痢且粪便中混有尿酸盐，饮水量增加，迅速消瘦。

（二）防治措施

目前对传染性支气管炎没有特效的治疗方法，临诊上常用抗生素和中药制剂对其进行治疗，但效果一般不佳。免疫接种是控制本病的首选方案，H120株疫苗适用于14日龄雏鸡，安全性高，免疫效果好，免疫后3周龄保护率可达90%以上。H52株疫苗适用于30日龄以上雏鸡，但有一定副作用。油乳剂灭活菌苗适用于各日龄鸡。

五、禽流感

（一）临诊症状

禽流感的发病率和死亡率受多种因素的影响，高致病力毒株引起的死亡率和发病率可达100%。禽流感的临诊症状较为复杂，易与鸡新城疫、鸡传染性支气管炎、鸡传染性喉气管炎、鸡传染性鼻炎、鸡慢性呼吸道病相混淆。潜伏期一般为15d，各种日龄都可感染发病。病鸡精神沉郁，羽毛蓬乱，垂头缩颈，肉仔鸡出现磕头表现，采食减少甚至废绝，拉黄绿色或白色稀粪。有的鸡群表现明显的呼吸道症状，有的症状很轻。病鸡鼻腔流清水样鼻液。鸡群首先出现采食量下降、饮水量增加，随后产蛋鸡出现产蛋率大幅度下降，产蛋率可由90%以上下降到零，大部分鸡群产蛋率下降到40%～60%或40%以下。蛋壳粗糙，软壳蛋、褪色蛋增多。有的鸡发病时头肿，单侧或双侧眼睑水肿，有的眼眶周围浮肿，成为金鱼眼甚至失明；冠和肉垂发绀、肿胀、出血和坏死；有的出现神经症状。

（二）防治措施

目前对禽流感没有特效的治疗方法，临诊上常用病毒唑、病毒灵、金刚烷胺、严迪以及中草药板蓝根、大青叶对其进行治疗，但一般效果不佳。目前，主要通过注射禽流感疫苗，预防本病的发生。

六、鸡产蛋下降综合征

（一）临诊症状

产蛋下降综合征感染鸡群没有特别明显的临诊症状，突然出现产蛋大幅度下降，产蛋率比正常下降20%～30%，甚至50%。同时，产薄壳蛋、软壳蛋、畸形蛋，蛋壳表面粗糙，褐壳蛋色素丧失或变浅，蛋白水样，蛋黄色淡，或蛋白中混有血液、异物等。异常蛋可占产蛋的15%以上，蛋的破损率增高。产蛋下降持续4～10周后才恢复到正常水平。刚开产的新母鸡感染本病，产蛋率不能达到预期的高峰。个别病鸡表现精神不振、食欲减少、冠苍白、羽毛松乱、体温升高以及腹泻等症状。

（二）防治措施

无有效的治疗方法。16周龄接种产蛋下降综合征油乳剂灭活苗或在母鸡开产前接种，可以避免强毒攻击所造成的损失，保护率100%。

七、鸡白痢

（一）临诊症状

（1）雏鸡　出壳后感染的雏鸡，经4～5d的潜伏期后才表现出症状，死亡率逐渐增加，在10～14日龄死亡达到高峰。最急性死亡常无明显症状。稍缓型者表现精神沉郁、羽毛蓬松、畏寒怕冷、双翅下垂、闭眼昏睡、缩头聚集成堆；有的离群呆立、蹲伏，有的伴有呼吸困难症状。食欲减退、废绝，腹泻、拉白色糨糊样粪便，肛门周围绒毛被粪便严重污染，有时粪便干结封住肛门，造成排粪困难。最终因呼吸困难和心力衰竭而死亡。

（2）成年鸡　感染后常无明显症状，但多数母鸡产蛋量、种蛋受精率、孵化率下降。孵出的雏鸡成活率低，发病死亡率高。极少数母鸡表现精神委顿，头、翅下垂，排白色稀粪，产蛋停止，或因卵黄掉入腹腔而引起卵黄性腹膜炎。

（二）防治措施

磺胺类、喹诺酮类等药物对本病都有一定的疗效。磺胺类药物以磺胺嘧啶、磺胺甲基嘧啶和磺胺二甲嘧啶效果较好，拌料浓度为0.3%，连用5～7d。喹诺酮类饮水浓度为0.02%，连饮5～7d。

八、鸡球虫病

（一）临诊症状

病鸡精神沉郁，活动减少，食欲减退，逐渐瘦弱，粪便中带血。青年鸡和成年鸡有的可耐过，但生产性能受到较大影响。

（二）防治措施

防治药物有很多，主要有氯苯胍、氨丙啉、克球粉、速丹等。进行药物防治时要掌握好剂量，每种药物治疗1～2个疗程后，要改用另一种药物治疗，防止球虫对药物产生耐药性。

模块七　鸭的规模养殖

第一节　鸭的品种

一、蛋鸭品种

我国蛋鸭品种较多，主要有绍兴鸭、金定鸭、连城白鸭、莆田黑鸭、攸县麻鸭、荆兴江鸭、三穗鸭、康贝尔鸭等。

(1) 绍兴鸭　绍兴鸭（图7－1）是我国最优秀的高产蛋鸭品种之一，全称绍兴麻鸭，又称浙江麻鸭。分布在浙江、上海市郊各县及江苏省的太湖地区。具有体形小、成熟早、产蛋多、耗料省、抗病力强、适应性广等优点，适宜做配套杂交用母本。该品种可圈养，又适于在密植的水稻田里放牧。

图7－1　绍兴鸭

外貌特征及生产性能：体躯狭长，喙长颈细，臀部丰满，腹略下垂，全身羽毛以褐色麻羽为基色，站立或行走时前躯高抬，躯干与地面呈45°角，具有蛋用品种的标准体形，属小型麻鸭。经长期提纯复壮、纯系选育，已形成了带圈白翼梢型和红毛绿翼梢型两个品系。成年“带圈”型公鸭体重为1.45kg，母鸭1.5kg；“红毛”型公鸭为1.5kg，母鸭1.6kg。群体产蛋率达50%为140～150日龄。正常饲养条件下，平均年产蛋量260～300枚，最高可达320枚，蛋重63～65g，蛋壳颜色“带圈”型以白色为主，“红毛”型以青色为主。

（2）金定鸭　金定鸭（图7－2）原产福建省龙湾县金定乡及厦门市郊等九龙江下游一带，是我国优良蛋用型鸭种。具有产蛋量多、蛋型大、蛋壳青色、觅食能力强、饲料转化力高和耐热抗寒等特点。该品种鸭觅食能力强，适合在沿海地区及具有较好放牧条件的地方饲养。

图7－2　金定鸭

外貌特征及生产性能：体躯狭长，前躯昂起。公鸭的头颈部羽色呈墨绿而有光泽，背部呈灰褐色，胸部呈红褐色，腹部呈灰白色，主尾羽呈黑褐色，性羽呈黑色并略上翘，喙呈黄绿色，虹呈彩褐色，胫、蹼呈橘红色，爪呈黑色。母鸭的全身被赤褐色麻雀羽，有大小不等的黑色斑点。背部羽色从前向后逐渐加深，腹部羽色较淡，颈部羽毛无黑斑，翼羽呈深褐色，有镜羽，喙呈青黑色，虹呈彩褐色，胫、蹼呈橘黄色，爪呈黑色。成年公鸭体重为1.5～2.0kg，母鸭为1.5～1.7kg。母鸭110～120日龄开产，500日龄累计产蛋量260～280枚，蛋重70～

72g，蛋壳以青色为主。

（3）连城白鸭　连城白鸭主产福建连城县，属中国麻鸭中独具特色的白色变种，蛋用型。

外貌特征及生产性能：体形狭长，公鸭有性羽2～4根。喙黑色、颈、蹼呈灰黑色或黑红色。成年体重公鸭为1.4～1.5kg，母鸭为1.3～1.4kg。年产蛋量为220～280枚，蛋重58g。

（4）莆田黑鸭　莆田黑鸭（图7－3）主要分布于福建省莆田市沿海及南北洋平原地区，是在海滩放牧条件下发展起来的蛋用型鸭品种。莆田黑鸭体态轻盈，行走敏捷，有较强的耐热性和耐盐性，尤其适合在亚热带地区硬质滩涂饲养，是我国蛋用型地方鸭品种中唯一的黑色羽品种。

图7－3　莆田黑鸭

外貌特征及生产性能：莆田黑鸭体形轻巧、紧凑，全身羽毛呈黑色（浅黑色居多），喙、跖、蹼、趾均为黑色。母鸭骨盆宽大，后躯发达，呈圆形；公鸭前躯比后躯发达，颈部羽毛黑而具有金属光泽，发亮，尾部有几根向上卷曲的羽毛，雄性特征明显。300日龄产蛋量为139.31枚，500日龄产蛋量为251.20枚，个别高产家系达305枚。500日龄前，日平均耗料为167.2g，每千克蛋耗料3.84kg，平均蛋重为63.84g。蛋壳白色占多数。开产日龄120d，年产蛋270～290枚，蛋重73g，蛋壳以白色占多数。

二、肉鸭品种

目前，我国拥有诸多的国内外优良品种，肉用型品种主要有北京鸭、樱桃谷鸭、狄高鸭、瘤头鸭。

（1）北京鸭　北京鸭（图7-4）原产于北京西郊玉泉山一带，是世界著名的优良肉用鸭标准品种。具有生长发育快、育肥性能好的特点，是闻名中外“北京烤鸭”的制作原料。

北京鸭体形较大，性情温驯，合群性强，配套系成年公鸭体重3.5~4.0kg，母鸭3.2~3.45kg，母鸭年均产蛋220枚左右。商品肉鸭45日龄体重3.2kg，饲料转化率2.4，胸肉率13.5%。

图7-4　北京鸭

（2）樱桃谷鸭　原产于英国，我国于20世纪80年代开始引入，是世界著名的瘦肉型鸭。具有生长快、瘦肉率高、净肉率高和饲料转化率高，以及抗病力强等优点。

樱桃谷鸭（图7-5）体形较大，成年体重公鸭4.0~4.5kg，母鸭3.5~4.0kg。父母代群母鸭性成熟期为26周龄，年平均产蛋210~220枚。白羽L系商品鸭47日龄体重为3.0kg，料重比为3∶1，瘦肉率达70%以上，胸肉率为23.6%~24.7%。

（3）狄高鸭　原产于澳大利亚，为世界著名肉用型鸭。具有生长快、早熟易肥、体形大、屠宰率高等特点（图7-6）。

图7-5　樱桃谷鸭

公、母鸭成年体重平均为3.5kg，性成熟期180日龄，母鸭年产蛋量140～160枚。商品鸭50日龄体重为2.5kg，在良好饲养条件下，56日龄体重可达3.5kg，料重比为3∶1，为烤鸭、卤鸭、板鸭的上等原料。

图7-6　狄高鸭

（4）瘤头鸭　原产于南美洲及中美洲热带地区，俗称番鸭。番鸭与家鸭杂交，其后代无繁殖能力，俗称骡鸭。瘤头鸭具有生长快，体形大，胸、腿肌丰满，肉质优良等特点，是我国南方主要肉禽品种之一（图7-7）。

图7－7　瘤头鸭

第二节　鸭的繁殖

一、种鸭的选择

选择种鸭是进行纯种繁育和杂交改良工作时首先考虑的。在生产中多采用大群选择的方法，即根据外貌特征来进行选择。

（一）种公鸭的选择

公鸭养至8～10周龄时，可根据外貌特征进行初选，6～7月龄时进行第二次选择。此时应进行个体采精，以精液品质及精液量作为判定优劣的标准，精液应呈乳白色，若呈透明的稀薄状不宜留种。

种公鸭的具体选择标准如下。

1. 蛋用型种公鸭

头大颈粗，眼大，明亮有神，喙宽而齐，身长体宽，羽毛紧密而富有光泽，性羽分明，两翼紧贴体躯，胫粗而高，健康结实，体重符合标准，第二性征明显。

2. 肉用型种公鸭

体形呈长方形，头大、颈粗，背平直而宽，胸腹宽而略扁平，腿略高而粗，蹼大而厚，羽毛光洁整齐，生长快，体重符合标准，配种能力强。

（二）母鸭的选择

母鸭养至8～10周龄，可根据外貌特征进行第一次初选；饲养至4～5月龄时，进行第二次选择，一直到6～7月龄开始配种为止。种母鸭的具体选择标准如下。

1. 蛋用型种母鸭

头中等大小，颈细长，眼亮有神，喙长而直，身长背宽，胸深腹圆，后躯宽大，耻骨开张，两腿距离宽，羽毛致密。两翼紧贴体躯，腿稍粗短，蹼大而厚，健康结实，体肥适中。

2. 肉用型种母鸭

体形呈梯形，背略短宽，腿稍粗短，羽毛光洁，头颈较细，腹部丰满下垂，耻骨开张，繁殖力强。

二、鸭的配种方法

（一）自然交配

自然交配是将公母鸭放在有水的环境中让其自由交配的配种方法。

1. 大群配种

按一定的配种比例，在母鸭群中放入优秀的种公鸭任其自由交配。这种方法有受精率高（尤其是放牧饲养的鸭群）、管理简便、省工等优点。只适用于商品生产场，不适用于育种场。

2. 小群配种

按一定的配种比例，用一只公鸭配一小群母鸭，适用于鸭育种场。

（二）人工授精

鸭的人工授精在生产上很少应用，不少场利用鸭的人工采精技术，对种公鸭进行选择。

1. 鸭的采精方法

鸭的采精常用方法为按摩法。采精员坐在矮凳上，将公鸭放于膝上，公鸭头伸向左臂下，助手位于采精员右侧保定公鸭双脚。采精员左手掌心向下紧贴公鸭背腰部，并向尾部方向按摩，同时用右手手指握住泄殖腔环按摩，当阴茎即将勃起时，正按摩着的左手拇指和食指稍向泄殖腔背侧移动，在泄殖腔上部轻轻挤压，阴茎即勃起，射精沟闭锁完全，精液射出，助手用集精杯收集精液。

2. 输精

输精时输精器向泄殖腔左下方插入，进入阴道4~6cm，慢慢注入精液。鸭的输精应在上午进行，每次输精量0.05~0.1ml，每隔5d输精1次。

(三) 配种年龄和配种比例

1. 配种年龄

蛋用型公鸭性成熟早，初配年龄在6月龄以上为宜，母鸭应在开产后，体重达本品种标准时开始配种为宜。

2. 配种比例

公、母鸭比例一般是：蛋用型鸭为1∶(20~25)，兼用型鸭1∶(15~20)，肉用型鸭1∶(5~8)。

3. 利用年限

种母鸭利用年限以2~3年为宜。种公鸭只利用一年即淘汰。在生产中应逐年淘汰低产母鸭和老母鸭，同时补充部分青年母鸭，通常情况种鸭群结构组成：1岁母鸭占25%~30%，2岁母鸭60%~70%，3岁母鸭5%~10%。

第三节　蛋鸭饲养管理

1. 雏鸭的饲养管理

(1) 育雏室温度　雏鸭的适宜温度为：1日龄26~28℃，

2～7日龄22～26℃，第2周18～22℃，第3周16～18℃。要保持室温相对稳定，否则雏鸭容易受凉感冒，导致疾病的发生。到3～4周时，需适时脱温，然后过渡到完全放牧。

（2）“开水”与“开食” 雏鸭第一次饮水称开水，又称潮水，开水的时间多在出雏后24h左右进行，为了减少运输造成的应激，可在饮水中加入少量的电解多维、维生素C。雏鸭第一次采食称为“开食”，开水以后进行开食。开食的饲料可用粉状全价雏鸭料。开食时只吃七成饱，以后逐渐增加喂量，以防采食过多造成消化不良。开食以后，可饲喂高蛋白质（20%～22%），高能量（10～13MJ/kg），多种氨基酸和维生素等混合的全价料。饲喂次数为：前两周每3h喂1次，昼夜饲喂，两周后改为4h/次，20日龄以后为6h/次，间隔时间均等，昼夜饲喂，每次喂料后都要饮水1次。

（3）适时“开青”“开荤” “开青”即开始喂给青饲料。在工厂化规模饲养情况下，饲养主要采用全舍饲或半舍饲，青饲料和天然动物性饲料较少，可完全用全价配合饲料。有条件的养殖场，可适当补饲青饲料和动物性饲料。雏鸭到3～5日龄开始补饲青饲料，可防止维生素缺乏。到20日龄左右，青饲料占饲料总量可达40%。“开荤”是给雏鸭饲喂动物性饲料，可促进其生长发育。雏鸭从4日龄起补喂些小鱼、小虾、蚯蚓、泥鳅、螺蛳、蛆虫等动物性饲料。

（4）放水 放水要与“开水”结合起来，逐渐由室内转到室外，水逐渐加深。一般5日龄后就可训练雏鸭下水活动，但雏鸭全身的绒毛容易被水浸湿下沉，体弱者还会被溺死。因此，要有专人守护，加以调教，戏水片刻要及时上岸休息。开始时可以引3～5只雏鸭先下水，每次放水5min，一周后，每次放水10min，然后逐步扩大下水鸭群，以达到全部自然下水，千万不能硬赶下水。下水的雏鸭上岸后，要让其在无风而温暖的地方理毛，使身上的湿毛干燥后进育雏室休息，千万不能让湿毛雏鸭进育雏室休息。天气寒冷可停止放水。

（5）及时分群　雏鸭分群是提高成活率的重要环节。同一批雏鸭，要按其大小、强弱等不同分为若干小群，以每群300～500只为宜。以后每隔一周调整一次，将那些最大、最强的和最小、最弱的雏鸭挑出，然后将各群的强大者合为一群，弱小者合为另一群。这样各种不同类型的鸭都能得到合适的饲养条件和环境，可保持正常的生长发育。

同时，要查看是否有疾病原因等，对有病的要对症采取措施，将病雏单独饲养或淘汰。以后根据雏鸭的体重来分群，每周随机抽取5%～10%的雏鸭称重，未达到标准的要适当增加饲喂量，超过标准的要适当减少饲喂量。

（6）建立稳定的管理程序　蛋鸭具有群居的生活习性，合群性很强，神经类型较敏感，每天要有固定的管理程序，如饮水、吃料、下水游泳、上滩理毛、入圈歇息等习惯，不要轻易改变。饲料品种和调制方法的改变也是如此，如频繁地改变饲料和生活秩序，不仅影响生长，而且会造成疾病，降低育雏率。要做好饲料消耗和死亡记录。定期在水中加入抗菌药物，1日龄肌注鸭病毒性肝炎高免蛋黄抗体0.5ml/只；5～15日龄首免禽流感灭活疫苗（0.3～0.5ml/只）；20日龄注射鸭瘟弱毒疫苗，严格按瓶签标明的剂量接种，用生理盐水稀释疫苗，每只鸭肌注0.2ml。

2. 育成鸭的饲养管理

（1）饲料与营养　为使育成鸭得到充分锻炼，长好骨架，育成鸭的营养水平宜低不宜高，饲料宜粗不宜精。代谢能为11.30～11.51MJ/kg，蛋白质为15%～18%。尽量用青绿饲料代替精饲料和维生素添加剂，青绿饲料占整个饲料量的30%～50%。

（2）限制饲喂　圈养和半圈养鸭要限制饲喂。限制饲喂一般从8周龄开始，到16～18周龄结束。当鸭的体重符合本品种的各阶段体重时，可不需要限喂。限喂前必须称重，每两周抽样称重一次，整个限制饲喂过程是由称重—分群—调节喂料量（营养需要）3个环节组成，最后将体重控制在标准范围之内。

加强运动，促进骨骼和肌肉的发育，防止过肥。每天定时赶鸭在舍内做转圈运动，5～10min/次，2～4次/d。

（3）光照　光照是控制性成熟的方法之一。育成鸭的光照时间宜短不宜长。有条件的鸭场，育成于8周龄起，每天光照8～10h，光照强度为5lx。

（4）放牧　早春在浅水塘、小河、小港放牧：让鸭觅食螺蛳、鱼虾、草根等水生物。以后可在稻田、麦田放牧。由于鸭在稻田中觅食害虫，不但节省了饲料，还增加了野生动物性蛋白的摄取量。放牧鸭群要用固定的信号和动作进行训练，使鸭群建立起听指挥的条件反射。

（5）做好疾病防治工作　育成鸭阶段主要预防鸭瘟和禽霍乱。具体免疫程序是：60～70日龄注射一次禽霍乱菌苗，70～80日龄注射一次鸭瘟弱毒苗，100日龄前后再注射一次禽霍乱菌苗。

3. 产蛋鸭的饲养管理

（1）饲料与营养　从产蛋开始直到被淘汰称为产蛋鸭。蛋鸭进入产蛋后，对营养物质的需求比以前阶段都高，除用于维持生命活动必需的营养物质外，更需要大量产蛋所必需的营养物质。合理饲养，提供营养平衡的日粮，是提高产蛋鸭生产能力的关键技术，为长期产蛋打好基础，有条件的地方最好实行放牧。圈养与散养的母鸭也要注意放水运动。在产蛋初期、中期和盛期应适时调整饲料配方，以满足蛋鸭不同生理阶段的营养需要。

（2）光照　进入产蛋期的光照原则是：只宜逐渐延长直至达到每昼夜光照16h，不能缩短，不可忽照忽停、忽早忽晚；光照度不可时强时弱，只许渐强，直至8lx/m^2（2W/m^2）。

（3）鸭群观察　在产蛋季节要经常观察鸭群动态，观察鸭群精神、粪便和采食量。应注意掌握在早放晚关时的鸭群状态，如发现异常应马上查明原因加以解决。鸭群在2～3时产蛋时，由于产蛋后口渴、饥饿，要在产蛋鸭舍放入一定量的饲料和饮水。注意料槽和饮水器要固定地方，不要随意更换。

第四节　肉鸭饲养管理

1. 肉用雏鸭的饲养管理

肉用雏鸭的饲养管理分两个阶段：0～3 周的雏鸭管理阶段；4～8 周（也有 7 周为止的）育肥管理阶段。肉鸭的早期生长速度很快，抓好雏鸭的饲养管理，有利于群体生长发育，可获得较高的饲料报酬。

（1）温度　0～3 周的雏鸭，因绒毛保温效果差，体温调节机能不健全，所以要保持适当高的环境温度。开始育雏时，温度应在 33～35℃（冬季可稍高，夏季可稍低，幅度为 1～2℃），48h 后，可适当降温，每周降 3～5℃，直至自然温度。当温度适中时，雏鸭散开活动，三五成群，躺卧舒展（伸颈展翅伏于平面），食后休息静卧无声。当 3 周龄末时，舍温以 18～21℃为宜。

（2）湿度　育雏的前期，舍内温度较高，水分蒸发快，要求相对湿度要高一些（1 周龄以 60%～70% 为宜，2 周龄以 50%～60% 为宜）。湿度过低，雏鸭易出现脚趾干瘪、精神不振等轻度脱水症状，影响生长。如果湿度过高，形成高温高湿的环境，会导致雏鸭体热散发受阻，使雏鸭食欲减退，利于霉菌的繁殖和易导致球虫病的发生。

（3）通风　雏鸭排泄物会使舍内变得潮湿，积聚氨气和硫化氢等有害气体。所以在育雏保湿时，还要注重通风。如在冬季，可先提高舍温，再打开门窗，几分钟后关闭。反复几次，既保证了新鲜空气的补充，又可维持住舍温。密度过大，鸭群拥挤，也会引起空气污浊，鸭群发育不齐，易患各种传染病。1～7 日龄地面平养 20～25 只/m^2，网上育雏 25～30 只/m^2；8～14 日龄地面平养 10～15 只/m^2，网上育雏 15～20 只/m^2；15～21 日龄地面平养 7～10 只/m^2，网上育雏 10～15 只/m^2。对于中成鸭地面平养 2～3 只/m^2，网上饲养 3～5 只/m^2为佳。

（4）光照　育雏的头3d，连续光照，以后每天23h光照，8d以后，每天减1h光照，直至自然光。保持一定时间的黑暗和弱光，不仅使鸭群适应突然断电的变化，防止受惊、集堆、挤压死亡，还有利于充分的休息和生长，持续的强光不利于雏鸭生长。光照度以白炽灯5W/m^2，距地面2～2.5m为宜（理论上以lx计，按10lx＝5W/m^2，距地面2～2.5m换算），到4日龄以后，可不必昼夜开灯，利用自然光加早晚补光即可。

2. 肉鸭育成期的饲养管理

从21d后到出栏为肉鸭的育成期，此阶段是饲养肉鸭的关键时期，重点是促进肉鸭快速增长。

（1）营养需要与换料　从4周龄开始，育雏鸭饲料转换为育成鸭饲料，饲料的转换逐渐进行，一般育成期料与雏鸭料的使用比例是第1天为1∶2，第2天为1∶1，第3天为2∶1，至第5天完全换料。

（2）温度、湿度和光照　肉鸭最适宜的环境温度为15～20℃。温度若超过26℃，采食量降低；低于10℃时，用于维持的饲料消耗增加。湿度应控制在50%～55%，垫料要干燥，并勤更换。光照强度以能看到采食即可，每平方米用5W白炽灯。白天利用自然光，早晚加料时开灯。

（3）饮水和饲喂　育成期采用自由饮水方式，水槽标准是每200只鸭合用一个2m长的水槽。饲喂次数白天3次，晚上1次。

（4）适时上市　选择7周龄为上市日龄。如是生产分割产品，8周龄上市为宜。首先要对鸭群进行分栏饲养，每栏饲养200只左右，3～4只/m^2，公母鸭要分开饲养，弱小鸭要挑出单独饲养。经常打扫鸭舍，保持清洁、干燥。此外，还应增加全价饲料供给，并补充青绿饲料。育肥到公鸭重3.5kg左右，母鸭2kg左右就可以上市。由于此阶段开始换羽，易出现啄癖现象，应注意断喙和遮光。大群饲养也只需用人造水池或水盆供其饮水，但一定要注意饮水的清洁卫生和持续供应。

3. 肉种鸭产蛋期的饲养管理

进入产蛋期的母鸭性情温顺，代谢旺盛，觅食能力强，生活和产蛋很有规律。产蛋期饲养主要是提供适宜的饲养管理条件和营养水平来获得较高的产蛋量和种蛋的受精率和孵化率。

（1）营养需要　种鸭开产以后，采用自由采食方式，日采食量大大增加，饲料的代谢能可控制在 10.88 ~ 11.30MJ/kg，就可满足维持体重和产蛋的需要。但日粮蛋白质水平应分阶段进行控制。产蛋初期（产蛋率 50% 前）日粮蛋白质水平一般为 19.5% 即可满足产蛋的需要；进入产蛋高峰期（产蛋率 50% 以上至淘汰）时，日粮蛋白质水平应增加至 20% ~ 21%；同时，应注意日粮中钙、磷的含量以及钙、磷之间的比例。

（2）喂料、喂水　当产蛋率达到 5% 时，逐日增加饲喂量，直至自由采食。日采食量达 250g 左右，可分成两次（早上和下午各 1 次）饲喂。产蛋鸭可喂粉料或颗粒料。要常刷洗饲槽，常备清洁的饮水，水槽内水深必须没过鼻孔，以供鸭洗涤鼻孔。

4. 肉仔鸭的育肥

肉仔鸭生长迅速，饲料报酬高。8 周龄体重可达 3.2 ~ 3.5kg，甚至 6 ~ 7 周龄即可上市出售。一般饲养至 8 周龄上市，全程耗料比为 1：3 左右，饲养 7 周龄上市，全程耗料比降到 1：（2.6 ~ 2.7）。因此，肉用仔鸭的生产要尽量利用早期生长速度快、饲料报酬高的特点。肉用仔鸭由于早期生长特别快，饲养期为 6 ~ 8 周。因此，资金周转很快，对集约化的经营十分有利。

肉用仔鸭育肥的目的是使肉仔鸭在短时期内迅速长肉，沉积脂肪，增加体重，改善肉的品质，提高经济效益。生产上可采用人工强制吞食大量高能量饲料，使其在短期内快速增重和积聚脂肪的方法育肥。填肥期一般为 2 周左右。

（1）填肥技术　当鸭子的体重达到 1.5 ~ 1.75kg 时开始填

肥，填肥期一般为两周左右。由于雏鸭早期生长发育需要较高的蛋白质，后期则需要较高的能量来增加体脂、使后期的增重速度加快，所以前期料中蛋白质和粗纤维含量高；而后期料中粗蛋白质含量低，粗纤维略低，但能量却高于前期料。填肥开始前，先将鸭子按公母、体重分群，以便于掌握填喂量。一般每天填喂 3 ~ 4 次，每次的时间间隔相等，前后期料各喂 1 周左右。

（2）填喂方法　填喂前，先将填料用水调成干糊状，用手搓成长约 5cm，粗约 1.5cm，重 25g 的剂子。填喂时，填喂人员用腿夹住鸭体两翅以下部分，左手抓住鸭的头，大拇指和食指将鸭嘴上下喙撑开，中指压住舌的前端，右手拿剂子，用水蘸一下送入鸭子的食道，并用手由上向下滑挤，使剂子进入食道的膨大部，每天填 3 ~ 4 次，每次填 4 ~ 5 个剂子，以后则逐步增多，后期每次可填 8 ~ 10 个剂子。也可采用填料机填喂，填喂前 3 ~ 4h 将填料用清水拌成半流体浆状，水与料的比例为 6 : 4。使饲料软化，一般每天填喂 4 次，每次填湿料量为：第 1d 填 150 ~ 160g，第 2 ~ 3d 填 175g，第 4 ~ 5d 填 200g，第 6 ~ 7d 填 225g，第 8 ~ 9d 填 275g，第 10 ~ 11d 填 325g，第 12 ~ 13d 填 400g，第 14d 填 450g，如果鸭的食欲好则可多填，应根据情况灵活掌握。填喂时把浆状的饲料装入填料机的料桶中，填喂员左手捉鸭，以掌心抵住鸭的后脑，用拇指和食指撑开鸭的上下喙，中指压住鸭舌的前端，右手轻握食道的膨大部，将鸭嘴送向填食的胶管，并将胶管送入鸭的咽下部，使胶管与鸭体在同一条直线上，这样才不会损伤食道。插好管子后，用左脚踏离合器，机器自动将饲料压进食道，料填好后，放松开关，将胶管从鸭喙里退出。填喂时鸭体要平，开嘴要快，压舌要准，插管适宜，进食要慢，撒鸭要快。填食虽定时定量，但也要视填喂后的消化情况而定，并注意观察。一般在填食前 1h 填鸭的食道膨大部出现凹沟为消化正常，早于填食前 1h 出现，表明填食过少。

（3）填肥期的管理　每次填喂后适当放水活动，清洁鸭体，或每隔2～3h赶鸭走动1次，帮助其消化，但不能粗暴地驱赶；舍内和运动场的地面要平整，以防鸭跌倒受伤；舍内保持干燥，夏天在运动场上搭建凉棚注意防暑降温；每天供给清洁充足的饮水；白天少填食，晚上要多填，可让鸭在运动场上露宿；鸭群的饲养密度前期为2.5～3只/m^2，后期2～2.5只/m^2；鸭舍始终要保持环境的安静，减少应激；一般填肥期2周左右，体重在2.5kg以上便可上市出售。

第五节　鸭的疾病防治

一、鸭瘟

（一）症状

又名鸭病毒性肠炎，俗称“大头瘟”，是鸭的一种急性、热性、高死亡率的败血性传染病。

鸭瘟对不同日龄和不同品种的鸭均有感染力，以番鸭、麻鸭最易感染，肉鸭次之。本病一年四季都可发生，以春、夏季和秋季鸭群的运销旺季多发。

鸭瘟潜伏期一般为2～5d，病初体温迅速升高至43～44℃，病鸭表现为没有精神、食欲降低至不吃、口渴加剧、头颈缩起、两翅下垂，两腿麻痹无力，走动困难，卧伏不起。驱赶时，往往用双翅拍地而走，走动几步就倒地不起。病鸭不愿下水，如被强赶下水，则不能游动，漂浮水面并挣扎回岸。病鸭拉绿色或灰白色稀粪，肛门周围的羽毛被污染并结块，严重者泄殖腔黏膜外翻，黏膜面有黄绿色的假膜且不易剥离。鸭瘟突出的特点是流泪和眼睑肿胀，有脓性分泌物以致眼睑粘连，鼻腔流出分泌物，呼吸困难，叫声嘶哑无力，部分病鸭头颈部明显肿大。

（二）防治

如有条件，在早期发病时，用鸭瘟高免血清注射。平时以预防为主，避免从疫区引进种鸭、鸭苗和种蛋。另外，要禁止健康鸭在疫区水域或野禽出没的水域放牧。日常管理工作中，严格做好鸭舍、运动场、用具等的消毒工作。

二、鸭病毒性肝炎

（一）症状

本病一年四季均可发生，多在早春暴发。主要感染 3 周龄以下小鸭，以 1 周龄内发病居多，死亡多集中在 3～10 日龄。病鸭发病半天至 1d 即出现特异性神经症状，全身抽搐，身体倾向一侧，头向后背，呈角弓反张，俗称“背脖病”。两腿痉挛性反复蹬踢，有的在地上旋转，抽搐十多分钟至数十分钟后死亡。死时大多头仰向背部，这是患该病雏鸭死亡时的典型特征。剖检可见肝脏肿大，质地柔软，表面有出血点或出血斑，呈淡红色或斑驳状，胆囊充盈，胆汁呈茶褐色或绿色。脾脏有时肿大，表面呈斑状花纹样。肾脏常出现肿胀和树枝状充血。

（二）防治

在卫生条件差、肝炎常发的养鸭场，必须在 7～10 日龄进行疫苗免疫。未经免疫的母鸭，其后代雏鸭 1 日龄即需进行疫苗免疫；雏鸭一旦发病，采用高免血清或卵黄抗体注射，无高免血清或卵黄抗体时，用鸭肝炎弱毒疫苗紧急接种，可迅速降低死亡率和控制疫病流行。

三、鸭流感

（一）症状

该病一年四季均有发生，以每年的 11 月至翌年 5 月发病较多。潜伏期短的几小时，长的可达数天。部分雏鸭感染后，无明显症状，很快死亡，但多数病鸭会出现呼吸道症状。病初打喷嚏，鼻腔内有鼻液，鼻孔经常堵塞，呼吸困难，出现摆头、张口喘息等症状。一侧或两侧眼眶部肿胀。

20 日龄至产蛋初期的青年鸭多出现传染性脑炎，潜伏期很短，数小时至 1～2d，发病后 2～4d 出现大量死亡。病鸭表现为体温升高，食欲锐减以致废绝，饮水增加，粪便稀薄呈淡黄绿色，部分鸭出现单侧或双侧眼睛失明，而其外观上没有明显变化。番鸭以精神沉郁为主要死前症状，蛋鸭品种则在濒死时大量出现神经症状。产蛋鸭感染后数天内，鸭群产蛋量迅速下降，有的鸭群产蛋率下降至10%。

（二）防治

鸭流感病毒的抵抗力不强，许多普通消毒药液均能迅速将其杀灭，如甲醛、来苏尔、过氧乙酸等，紫外线也能较快将病毒灭活，在65～70℃加热数分即可灭活病毒。

控制本病的传入是关键，应做好引进种鸭、种蛋的检疫工作。坚持全进全出的饲养方式，平时加强消毒，做好一般疫病的免疫，以提高鸭的抵抗力。鸭流感灭活疫苗具有良好的免疫保护作用，用其接种是预防本病的主要措施，但应优先选择与本地流行的鸭流感病毒毒株血清亚型相同的灭活疫苗进行免疫。一旦发现高致病力毒株引起的鸭流感时，应及时上报、扑灭。对于中等或低致病力毒株引起的鸭流感，可用一些抗病毒药物和广谱抗菌药物以减少死亡和控制继发感染。

四、鸭霍乱

（一）流行特点及症状

本病的发生无明显季节性，北方地区以春秋季多发。气温较高、多雨潮湿、天气骤变、饲养管理不善等多种因素，都可以促进本病的发生和流行。

各种日龄鸭均可发病，但一般以30日龄内雏鸭发病率高，死亡率也较高，成年种鸭发病较少，常呈散发性，死亡率也较低。

最急性病例常见于流行初期，鸭群无任何明显可见症状，在吃食时或吃食后，突然倒地死亡，或当天晚上鸭群无异常，第二天早晨发现死亡。有的鸭子还在放牧中突然死亡。急性病例鸭体温升高，不愿下水游泳，将鸭倒提时，常从口鼻中流出酸臭液体。病鸭咳嗽、喘气、摆头、甩头，企图排出积在喉头的黏液，故又有“摇头瘟”之称。病鸭下痢，有时粪中带血。部分病鸭两腿瘫痪不能行走。常在1～3d衰竭死亡。

（二）防治

平时加强饲养管理，雏鸭、中鸭和成鸭要分群饲养。搞好环境卫生，加强消毒。可通过接种疫苗进行免疫。多种抗生素药物都可用于本病的治疗，并有不同程度的治疗效果。可用恩诺沙星：每克加水15～20kg，饮服3～5d；链霉素肌内注射，每千克体重鸭链霉素1万～2万单位注射，每天2次，连用2d；土霉素0.05%～0.1%拌料，饲喂3～5d。另外，强力霉素等均有较好疗效。

五、鸭大肠杆菌病

（一）流行特点及症状

主要表现为病鸭少食或不食，独立一旁，缩颈嗜睡。眼鼻常见黏性分泌物，呼吸困难，拉灰白或黄绿色稀便，常因败血症或体质衰弱而脱水死亡。雏鸭（2～6周龄）多呈急性败血症经过，成鸭多为亚急性或慢性感染。慢性病例常见关节肿胀、跛行，站立时见腹围膨大下垂，触诊腹部有液体波动感，穿刺有腹水流出。

（二）防治

本病要加强饲养管理，严格消毒种蛋及孵化过程中消毒，对种鸭进行大肠杆菌菌苗免疫。各地分离出来的大肠杆菌菌株，对多种抗生素类药物的敏感性不完全相同。总的来说，大肠杆菌菌株对庆大霉素、阿米卡星、卡那霉素等药物较为敏感。

模块八　鹅的规模养殖

第一节　鹅的品种

我国优良的鹅品种有狮头鹅、浙东白鹅、四川白鹅、太湖鹅、豁眼鹅等，从国外引进的良种鹅有莱茵鹅、朗德鹅等。

一、狮头鹅

狮头鹅（图 8－1）是我国唯一的大型鹅种，也是亚洲唯一的大型鹅种，原产于广东省饶平县、澄海县。成年公鹅活重可达 10kg 以上。母鹅 5～6 月龄开产，产蛋季节为每年 9 月至翌年 4 月。母鹅在此期间有 3～4 个产蛋期，每期产 6～10 枚蛋，每产完一期蛋即就巢孵化。雏鹅初生重 130g 左右。在较好的饲养条件下，60 日龄活重可达 5kg 以上。肉用仔鹅 70～90 日龄上市。

图 8－1　狮头鹅

二、浙东白鹅

浙东白鹅（图 8－2）主要产于浙江省象山、定海等县。成年公鹅平均活重 5kg。母鹅一般 5～6 月龄开产。好的母鹅每年有 3～4 个产蛋期，每期产蛋量为 8～12 枚。每产完一期蛋即就巢孵化。浙东白鹅早期生长速度较快。雏鹅初生重平均 95g。在放牧条件下，60 日龄活重 3.5kg，70 日龄活重 3.7kg 即可上市出售。

图 8－2　浙东白鹅

三、四川白鹅

四川白鹅（图 8－3）产于四川省温江、乐山、宜宾、永川

图 8－3　四川白鹅

和达县等地，在江浙一带称为隆昌鹅。四川白鹅是我国中型鹅中基本无就巢性、产蛋性能优良的品种。四川白鹅配合力好，是培育配套系中母系母本的理想品种。四川白鹅成年公鹅体重5～5.5kg。雏鹅初生重71g，60日龄重2.5kg，90日龄重3.5kg。母鹅于200日龄开产，基本无抱孵性，年产蛋量60～80枚。

四、太湖鹅

太湖鹅（图8－4）是小型鹅种，原产于江苏、浙江两省的太湖流域。太湖鹅早期生长快，仔鹅80～100日龄体重可达3～4kg，肉质鲜美，是生产肉用仔鹅的优良品种。母鹅5月龄开产，年产蛋60～80枚。

图8－4　太湖鹅

五、豁眼鹅

豁眼鹅属小型鹅种（图8－5），主要分布在山东、辽宁、吉林、黑龙江、四川等地。该品种在山东省称为五龙鹅，在辽宁省称为昌头鹅，在吉林省和黑龙江省称为疤拉眼鹅。早期生长迅速，5月龄平均体重可达3.5kg。母鹅8～9月龄开产，无就巢性，年产蛋120～180枚，蛋重120～140g。

图 8-5 豁眼鹅

六、莱茵鹅

莱茵鹅原产于德国莱茵州，以产蛋量高著称。该品种适应性强，食性广，能大量采食玉米、豆叶、花生叶等。体形中等，成年公鹅体重 5～6kg。母鹅 7～8 月龄开产，年产蛋量 50～60 枚，蛋重 150～190g。在适当条件下，肉用仔鹅 8 周龄体重可达 4～4.5kg，适于大型鹅场生产商品肉用仔鹅。

七、朗德鹅

朗德鹅原产于法国西南部的朗德地区，是当今世界上最适于生产鹅肥肝的鹅种。该品种仔鹅生长迅速，8 周龄体重可达 4.5kg。成鹅经填肥后体重可达 10kg 以上。母鹅年产蛋 35～40 枚，蛋重 180～200g，繁殖力较低。朗德鹅羽绒产量高，对人工拔毛的耐受性强，每年可拔毛 2 次，平均每只年产羽绒 0.4kg。在适当条件下，经 20d 填肥后肥肝重可达 700～800g。

第二节 鹅的繁殖

鹅作为一种节粮型的草食家禽，养鹅的经济效益在某种程度上（比如小规模饲养）或在某些情况下（比如肉仔鹅的肥育）是较高的。但由于各种原因，养鹅业的发展速度慢，尤其是规模养鹅效益比较差，甚至亏损，损伤了群众养鹅的积极性。究其原因，除了社会性因素外，繁殖性能低下是制约养鹅生产发展的重要因素。

一、繁殖性能低下的主要表现

（一）性器官发育迟

鹅虽然具有育成期生长快，单位时间内绝对增重快的优势，但受始祖鹅原产寒带、长期低温驯化而发育缓慢的遗传因素影响，其性器官发育和性腺活动滞后于身体发育。

多数畜禽体成熟与性成熟基本同步或略晚，而鹅的性器官发育不但呈单侧性，而且其发育完全与性腺激活要晚到出生至体成熟时间的一半，造成第一年产蛋（配种）的持续时间仅4～6个月。

根据品种和气候条件，鹅性成熟一般在30～50周龄，出雏时期对性成熟也有一定影响。当吐鲁斯鹅出雏期由2月变为7月时，开产年龄由52周减到42周，也就是分别在3月和5月开产。

出雏晚的鹅（10月至1月）极其早熟，可在5—6月，即25～30周龄开产。出雏后最初的4或5个月间的光照期变化对鹅性成熟年龄影响不大，随着年龄的增大，对光照期越来越敏感：20～40周龄的鹅，若置于越来越长的光照下，可使其性早熟；若置于越来越短的光照下，则性晚熟。由此可见，可控制出雏时间，克服鹅性晚熟的缺陷。

（二）产蛋性能低产蛋期短

1. 休产期

鹅在一年只有8～9个月的产蛋期，其余时间则处于休产期：我国广东鹅与北方鹅品种的繁殖季节基本相反，广东鹅在每年的6月下旬开产，到翌年4月上旬休产（狮头鹅则为8月下旬到翌年4月下旬），而北方鹅为每年1月开产，8月基本休产。由此可见，休产期长是造成鹅产蛋率低的一个重要因素。

2. 环境影响大

鹅属水禽，对湿度、温度变化都很敏感，尤其对光照时间、强度更加敏感。从产蛋前 1 个月至整个产蛋期结束，相对湿度要求在 60% ~80%，最适宜的温度为 10 ~25℃。温度过高或过低都会引起产蛋降低。在各种环境因子中，光照对鹅的繁殖力有很大影响。特别是在繁殖季节，鹅对光照要求较高，如光照不足或过高，会导致鹅繁殖性能降低。不同品种的鹅对光照要求不同，从而造成不同品种鹅的繁殖季节性差异。在我国，广东鹅与北方鹅依自然光照的季节性变化而表现各自的繁殖周期。当光照时间由长变短或短光照季节有利于广东鹅的繁殖，而光照由短变长或长光照季节则有利于北方鹅的繁殖。故认为广东鹅是“短光照品种”，北方鹅是“长光照品种”。

3. 就巢性强

母鹅一个产蛋年多数产 3 窝蛋，少数产 4 窝蛋。种鹅一般产完一窝蛋后就巢，无蛋孵化时就巢期短，有蛋卵化时就巢期长，就巢期满后有一段较长恢复期。母鹅就巢性具有种间差异，不同品种鹅就巢期长短不一。同一品种间因个体差异，就巢期也不同。预示可通过选育途径来降低种鹅就巢性，从而提高产蛋量。

二、提高繁殖性能的相应对策

（一）严格鹅的选种

要在能符合该品种特性的早春雏鹅中选留。种母鹅要选择那些第二性征明显，体质健壮，配种旺盛，受精率高，产蛋量、蛋重、受精率和配种成绩及后代生长速度等指标都好的后裔。更重要的是，种公鹅要选择生殖器官健全、粗壮有力、淋巴体颜色深白和精液品质优良者留作种用。淘汰那些交配器短于 3cm，射精量少于 0.2ml，精子活力低于 4 ~5 级，精子密度低于

150～200 万/ml 的劣种。

（二）科学饲养

母鹅在不同的生长期对日粮营养水平的要求不同，特别是蛋白质水平。给母鹅合适的日粮营养水平，是提高母鹅产蛋量的一项主要措施。育成期（30～90 日龄）日粮适宜的粗蛋白水平为 15%，产蛋期应增至 18%；停产期以放牧为主，将精料改为粗料。不同日粮营养水平对鹅产蛋有一定的影响。在配制日粮时还应注意氨基酸的全价性，其中赖氨酸、精氨酸、亮氨酸、缬氨酸和甘氨酸等对性繁殖机能具有重要的作用。另外，喂料时要定时定量，并供给充足的饮水。

（三）科学管理种鹅

除做好放牧、水浴、保温、防暑等日常管理外，尤其要做好产蛋期和停产期的管理，针对鹅的特殊的生理特点（如就巢期、休产期长等）采取相应措施，提高鹅的产蛋量。缩短就巢期：对进入产蛋期的母鹅要勤观察，注意其产蛋规律。母鹅产蛋多在上午，母鹅鸣叫柔和，尾羽平伸，行动缓慢，是欲找窝产蛋。

要捉有这些表现的鹅探摸其下腹部，有蛋的要捉回产舍，经过 1～2 次如此处理就会养成回窝产蛋的习惯。

四季鹅母鹅的赖抱性与血浆促乳素（prl）水平升高有关。在抱窝期，prl 在初期急剧上升，至中期最高，接近雏鹅出壳时下降，出壳后仍维持一定水平，至休产期才降至低水平。在禽类，单胺类递质 da、5－ht 具有促进 prl 分泌的作用。给赖抱鹅口服 da 受体阻断剂和 5－ht 受体阻断剂，结果 prl 急剧降低，赖抱终止。

（四）控制光照

采用人工光照，不仅可促进母鹅冬春多产蛋，而且有可能改变鹅的繁殖季节性，进行反季节生产。从 2 月开始对 505 只太湖成年母鹅每天补充光照 1～2.5h，仅 4 个月，产蛋量就增加了

10%。同年12月和翌年10月进行人工补充光照，也取得了可喜成绩。在种鹅开产前1个月每天保持16h的光照，分别对两个品种鹅（灰鹅和白鹅）采用不同的光照强度（20lx和50lx）。结果表明，光照强度为20lx时鹅的产蛋量显著高于光照强度为50lx时的母鹅。

光照管理可以打破鹅品种原有的生物节奏，缩短休产期，并且可进行反季节繁殖。但是，经多年的研究发现，用不同的光照日对不同品种的鹅进行实验，常得到相互矛盾的结果，这也许是由于鹅的繁殖季节性差异所引起。在我国，南北方鹅之间即存在这种明显的繁殖季节性差异。在广东鹅的非繁殖季节内，每天光照9.5h，4周后公鹅的状态、性反射、精液品质、可采率等，均明显优于自然光照的对照组；母鹅则在控制光照3周后开产，并能在整个非繁殖季节内正常产蛋。控制光照组平均每只母鹅产蛋12.85枚。当恢复自然光照后，试验组鹅每天光照时数由短变长，约7周后，公鹅萎缩，可采精率下降直至为零，约2个月后又逐渐好转；母鹅在恢复自然光照约3周后也停止产蛋，再经11周的停产期后才又重新开产，而对照组此时也正常繁殖。试验组平均每鹅全年产33.57枚，比对照组的25.06枚多8.51枚，提高了34%。或者在早春给予人工光照增加每天总光照时数，可以使鹅提前停产进入非繁殖季节，同时也使下一轮繁殖季节提前开始，这样也可使广东鹅能在非繁殖季节内进行反季节繁殖，同时可以避免遮光法进行反季节鹅苗生产遇到的热应激问题。

第三节　雏鹅饲养管理

雏鹅是指孵化出壳后到4周龄或1月龄内的鹅，其生长发育快，消化能力弱，调节体温和对外界环境适应性都较差。雏鹅饲养管理的好坏，将会直接影响到雏鹅的生长发育和成活率的高低，继而还影响到育成鹅的生产性能。

1. 育雏前的准备

（1）育雏舍　育雏前应做好舍内及周围环境的清扫消毒工作，备好火炉，做好保暖工作，门口设有消毒槽。准备育雏用具，如圈栏板、食槽、水盆等，围栏垫草要干燥、松软、无腐烂。

（2）备好育雏用药品　如禽力宝、葡萄糖、维生素C、青霉素、驱虫药等。

（3）育雏饲料　用雏鹅专用料、玉米面。

（4）疫苗　小鹅瘟血清、小鹅瘟弱毒疫苗。

2. 日常管理

（1）饮水　又称潮口，饮水要用温开水（25℃左右），要预防下痢。做到每只雏鹅都要喝到水，自由饮用，水盆水面水位以3cm为宜。1～7日龄用禽力宝水溶液，最好在水中加入庆大霉素或高锰酸钾等可防止下痢，供水要充足，防止暴饮造成水中毒，并做好饮水用具的勤洗、勤换、勤消毒。

（2）开食　一般在出壳后24～36h开食，即雏鹅进舍饮完潮口水后1h左右即可开食。饲喂中药提供优质配合饲料与青饲料。

（3）防疫　要搞好环境消毒与卫生，做好预防工作，防止疫病发生。在重疫区雏鹅在10日龄注射小鹅瘟弱毒疫苗，每只雏鹅皮下注射0.2ml（股内侧或胸部）；非疫区可不注射小鹅瘟疫苗。

（4）防应激　5日龄喂食后，要给予10～15min室内活动，育雏舍内勿大声喧哗或粗暴操作，灯光不要太亮，在放牧时不要让狗或其他动物靠近鹅群。

第四节　后备鹅饲养管理

在后备鹅培育的前期，鹅的生长发育仍比较快，如果补饲日粮的蛋白质较高，会加速鹅的发育，导致体重过大过肥；并促其早熟，而鹅此时骨骼尚未得到充分的发育，致使种鹅骨骼发育纤细，体形较小，提早产蛋，往往产几个蛋后又停产换羽。所以在开始阶段应做好补充精料的工作，一般在第二次换羽完成后，逐步转入粗饲阶段。粗饲的目的是控制母鹅的性成熟期，适当控制体重，特别是防止过肥，培育鹅的耐粗能力，锻炼消化机能，降低生产成本；使母鹅开产一致，便于管理和提高产蛋性能，后备母鹅的控料应在17～18周龄开始，在开产前50～60d结束。控料阶段为60～70d。

后备期应逐渐减少补饲日粮的饲喂量和补饲次数，锻炼其以放牧食草为主的粗放饲养，保持较低的补饲日粮的蛋白质水平，有利于骨骼、羽毛和生殖器官的充分发育。由于减少了补饲日粮的饲喂量，既节约饲料，又不致使鹅体过肥、体重太大，保持健壮结实的体格。

第五节　种鹅饲养管理

1. 育成鹅饲养

种鹅的育成期指的是70～80日龄至开产前阶段，主要对种鹅进行限制饲养，以达到适时的性成熟为目的。饲养管理分为生长阶段、控料阶段和恢复饲养阶段。

（1）生长阶段　生长阶段指80～120日龄这一时期，中鹅处于生长发育时期，需要较多的营养物质，不宜过早进行控制饲养，应逐渐减少喂饲的次数，并逐步降低日粮的营养水平，逐步过渡到控制饲养阶段。

（2）控制饲养阶段　从120日龄开始至开产前50～60d结束。控制饲养方法主要有两种：一是实行定量饲喂，日平均饲料用量一般比生长阶段减少50%～60%；二是降低日粮的营养水平，饲料中可添加较多的填充粗料（如米糠、曲酒糟、啤酒糟等）。但要根据鹅的体质，灵活掌握饲料配比和喂料量，能维持鹅的正常体质。控料要有过渡期，逐步减少喂量，或逐渐降低饲料营养水平。要注意观察鹅群动态，对弱小鹅要单独饲喂和护理。搞好鹅场的清洁卫生，及时换铺垫草，保持舍内干燥。

（3）恢复饲养阶段　控制饲养的种鹅在开产前50～60d进入恢复饲养阶段（种鹅开产一般220日龄左右），应逐步提高补饲日粮的营养水平，并增加喂料量和饲喂次数。日粮蛋白质水平控制在15%～17%为宜。经20d左右的饲养，种鹅的体重可恢复到限制饲养前的水平。这阶段种鹅开始陆续换羽，为了使种鹅换羽整齐和缩短换羽的时间，可在种鹅体重恢复后进行人工强制换羽，即人工拔除主翼羽和副主翼羽。拔羽后应加强饲养管理、适当增加喂料量。公鹅的拔羽期可比母鹅早2周左右进行，使鹅能整齐一致地进入产蛋期。

2. 产蛋鹅饲养

（1）适时调整日粮营养水平　种鹅饲养到26周龄，或在开产前1个月时，改用产蛋鹅料。每周增加喂料量25g/d，用4周时间逐渐过渡到自由采食，每日喂料量不超过200g。参考配方（%）：玉米52、豆粕20、麦麸或优质干草粉（叶粉）20、鱼粉3、贝壳粉5、食盐少量。

（2）饲喂　由于种鹅连续产蛋的需要，消耗蛋白质、钙、磷等营养物质特别多，因此日粮中蛋白质水平应增加至17%～18%。以舍饲为主放牧为辅，全舍饲日喂3～4次，其中晚上饲喂1次，日喂精料150～200g，同时供给大量青料（先喂精料后喂青料）。放牧日补饲3次，其中晚上1次，日补喂精料120～150g，并加适量青料。

（3）控制光照　在自然光照条件下，母鹅每年只有1个产蛋周期。为了提高母鹅的产蛋量，采用控制光照的办法，可使母鹅1个产蛋年有两个产蛋周期。对后备种鹅采用可调节的光照制度能增加产蛋量。

（4）要适当的公母配比　群鹅的公母配种比例以（1：4）～（1：6）为宜。一般重型品种配比应低些，小型鹅种可高些；冬季的配比应低些，春季的可高些。选留阴茎发育良好，精液品质优良的公鹅配种，性比可提高到（1：8）～（1：10）。

（5）产蛋管理　母鹅的产蛋时间多在凌晨至9时。因此，种鹅应在上午产蛋基本结束时才开始出牧。对在窝内待产的母鹅不要强行驱赶出圈放牧，对出牧半途折返的母鹅则任其自便返回圈内产蛋。大群放牧饲养的种鹅群，为防止母鹅随处产蛋，最好在鹅棚附近搭些产蛋棚。一般长3.0m、宽1.0m、高1.2m的产蛋棚，每千只种鹅需搭2～3个。舍饲鹅群在圈内靠墙处应设有足够的产蛋箱，按每4～5只母鹅共用1个产蛋箱计算。

（6）种蛋收存　要勤捡蛋，钝端向下存放，蛋表面清洁（不能水洗）消毒，存放在温度10℃、相对湿度65%～75%的蛋库内。

第六节　肉用鹅饲养管理

一、饲养

（一）选择牧地和鹅群规格

选择草场、河滩、湖畔、收割后的麦地、稻田等地放牧。牧地附近要有树林或其他天然屏障，若无树林，应在地势高处搭简易凉棚，供鹅遮阴和休息。放牧时确定好放牧路线，鹅群大小以250～300只一群为宜，由2人管理放牧；若草场面积大，草质好，水源充足，鹅的数量可扩大到500～1 000只，需2～3人管理。

农谚有“鹅吃露水草，好比草上加麸料”的说法，当鹅尾尖、身体两侧长出毛管，腹部羽毛长满、充盈时，实行早放牧，尽早让鹅吃上露水草。40日龄后鹅的全身羽毛较丰满，适应性强，可尽量延长放牧时间，做到“早出牧，晚收牧”。出牧与放牧要清点鹅数。

（二）正确补料

若放牧期间能吃饱喝足，可不补料；若肩、腿、背、腹正在脱毛，长出新羽时，应该给予补料。补料量应看草的生长状态与鹅的膘情体况而定，以充分满足鹅的营养需求为前提。每次补料量，小型鹅每天每只补 100 ~ 150g，中、大型鹅补 150 ~ 250g。补饲一般安排在中午或傍晚。补料调制一般以糠麸为主，掺以甘薯、瘪谷和少量花生饼或豆饼。日粮中还应注意补给 1% ~1.5% 骨粉、2% 贝壳粉和 0.3% ~0.4% 食盐，以促使骨骼正常生长，防止软脚病和发育不良。一般来说，30 ~50 日龄时，每昼夜喂 5 ~6 次，50 ~80 日龄喂 4 ~5 次，其中夜间喂 2 次。参考饲料配方如下。

肉鹅育雏期：玉米 50%、鱼粉 8%、麸（糠）皮 40%、生长素 1%、贝壳粉 0.5%、多种维生素 0.5%，然后按精料与青料 1∶8 的比例混合饲喂。

育肥期：玉米 20%、鱼粉 4%、麸（糠）皮 74%、生长素 1%、贝壳粉 0.5%、多种维生素 0.5%，然后按精料与青料 2∶8的比例混合制成半干湿饲料饲喂。

（三）观察采食情况

凡健康、食欲旺盛的鹅表现动作敏捷抢着吃，不择食，一边采食一边摆脖子往下咽，食管迅速增粗，嘴呷不停地往下点；凡食欲不振者，采食时抬头，东张西望，嘴呷含着料不下咽，头不停地甩动，或动作迟钝，呆立不动，此状况出现可能是有病，要挑出隔离饲养。

二、管理

（一）鹅群训练调教

要本着“人鹅亲和，循序渐进，逐渐巩固，丰富调教内容”的原则进行鹅群调教。训练合群，将小群鹅并在一起喂养，几天后继续扩大群体；训练鹅适应环境、放牧；培育和调教“头鹅”，使其引导、爱护、控制鹅群；放牧鹅的队形为狭长方形，出牧与收牧时驱赶速度要慢；放牧速度要做到空腹快，饱腹慢，草少快，草多慢。

（二）做好游泳、饮水与洗浴

游泳增加运动量，提高羽毛的防水、防湿能力，防止发生皮肤病和生虱。选水质清洁的河流、湖泊游泳、洗浴，严禁在水质腐败、发臭的池塘里游泳。收牧后进舍前应让鹅在水里洗掉身上污泥，舍外休息、喂料，待毛干后再赶到舍内。凡打过农药的地块必须经过15d后才能放牧。

（三）搞好防疫卫生

鹅群放牧前必须注射小鹅瘟、副黏病毒病、禽流感、禽霍乱疫苗。定期驱除体内外寄生虫。饲养用具要定期消毒，防止鼠害、兽害。

三、育肥

肉鹅经过15～20d育肥之后，膘肥肉嫩，胸肌丰厚，味道鲜美，屠宰率高，产品畅销。生产上常有以下4种育肥方法。

（一）放牧育肥

当雏鹅养到50～60日龄时，可充分利用农田收割后遗留下来的谷粒、麦粒和草籽来肥育。放牧时，应尽量减少鹅的运动，搭临时鹅棚，鹅群放牧到哪里就在哪里留宿。经10～15d的放牧育肥后，就地出售，防止途中掉膘或伤亡。

（二）棚育肥

用竹料或木料搭一个棚架，架底离地面60～70cm，以便于清粪，棚架四周围以竹条。食槽和水槽挂于栏外，鹅在两竹条间伸出头来采食、饮水。育肥期间喂以稻谷、碎米、番薯、玉米、米糠等碳水化合物含量丰富的饲料为主。日喂3～4次，最后一次在22时喂饲。

（三）圈养育肥

常用竹片（竹围）或高粱秆围成小栏，每栏养鹅1～3只，栏的大小不超过鹅的2倍，高为60cm，鹅可在栏内站立，但不能昂头鸣叫，经常鸣叫不利育肥。饲槽和饮水器放在栏外。白天喂3次，晚上喂一次。饲料以玉米、糠麸、豆饼和稻谷为主。为了增进鹅的食欲，隔日让鹅下池塘水浴一次，每次10～

20min，浴后在运动场日光浴，梳理羽毛，最后赶鹅进舍休息。

（四）填饲育肥

即“填鹅”，是将配制好的饲料填条，一条一条地塞进食管里强制鹅吞下去，再加上安静的环境，活动减少，鹅就会逐渐肥胖起来，肌肉丰满、鲜嫩。此法可缩短育肥期，肥育效果好，主要用于肥肝鹅生产。

第七节　鹅的疾病防治

一、小鹅瘟

小鹅瘟是由病毒引起的雏鹅急性、败血性传染病。常发生于3日龄以内的雏鹅群，10日龄内的雏鹅发病率和死亡率高达100%，3～5d内很快发病，波及全群，造成大批死亡。雏鹅的发病与死亡，很大程度上取决于母鹅有无免疫力。主要采取对种鹅进行免疫来进行预防，对雏鹅注射鹅瘟免疫血清也是防治小鹅瘟的一项好措施。

二、禽霍乱

禽霍乱是鹅感染的一种急性传染病，其特征是发病急、范围广、持续时间与死亡率高，即使康复仍然带菌。预防除加强饲养管理和增强抵抗力外，还要做好杜绝病原体传入，严禁从疫区和市场买禽、买蛋，不得利用屠宰场下脚料喂鹅。谢绝参观。鹅舍应定期消毒，每月一次；饮水器和饲槽等用具要经常刷洗、日晒。一旦发病，应隔离饲养，投药治疗；对拒食的重病鹅应用药物注射治疗。禽霍乱流行区应事先进行预防接种并结合药物预防可有效控制流行。

三、鹅流行性感冒

鹅流行性感冒是一种急性、渗出性、败血性传染病。多因饲养管理不当，天气剧变，常发生在半月龄后的雏鹅。加强科学饲养管理，采取综合措施，作好预防接种。做好防寒保温、饲料优质营养，保持舍内外清洁卫生、干燥、勤起勤垫，饮水器和饲槽每天用清水洗刷、消毒。

四、鹅大肠杆菌病防治

养鹅技术中，鹅疾病防治是非常重要的一部分。现将常见鹅疾病——鹅大肠杆菌病的防治措施介绍如下。

鹅大肠杆菌病，俗称“蛋子瘟”，是由特定血清型的大肠杆菌引起的，主要发生于成鹅。仔鹅表现行动迟缓，拉黄白色稀粪，病死仔鹅常见心包积液，且包膜混浊增厚，肝肿大，气囊壁增厚、混浊，常覆盖有干酪样物，有的小肠有出血点。母鹅剖检病变以腹膜炎、卵巢炎和输卵管炎为主，腹腔内充满淡黄色腥臭液体和卵黄块，卵巢萎缩、变性、坏死，输卵管管腔中含有黄白色纤维素性渗出物，子宫内充满干酪样坏死物，病程一般为2~6d，少数病鹅能康复，但不能恢复产蛋。公鹅主要是交配器出现红肿、溃疡，其上常覆盖着黄色黏稠液体，并有坏死痂皮。

（1）免疫预防　当前较有效的办法是用从本场发病鹅中分离的大肠杆菌制成灭活菌苗，对后备种鹅群2月龄、4月龄时各注射一次，可控制发病。

（2）药物防治　链霉素、庆大霉素等疗效较好。

（3）减少交配污染　带菌公鹅可通过交配将病原传给母鹅，因而有严重病变的公鹅应作淘汰处理。治疗：将交配器上的结节切除，清创消毒，肌注抗生素药物，使其康复。

模块九 畜禽养殖废弃物处理与利用

第一节 废弃物处理

畜禽粪便等废弃物的处理方法按性质可分生物学处理、物理学处理和化学处理。其中生物学处理有好氧型分解和厌氧型分解；物理学处理有固液分离、稀释、干燥等；化学处理有氯化消毒等。

常用的畜禽粪便处理设备有化粪池、氧化沟、沼气发生设备、堆肥设备、固液分离设备、干燥设备等。

一、化粪池

化粪池用来使畜禽粪便稳定化，并将其部分转化为液体，用来洒施在农田或用作循环冲粪水，液体的生化需氧量可减少到能安全地进行洒施农田或冲洗畜舍的粪沟。沉淀的固态物定期清除。

化粪池按照细菌分解的类型可分好氧型化粪池（好氧塘）、兼性型化粪池（兼性塘）和厌氧性化粪池（厌氧塘）3 种。

（1）好氧型和兼性型化粪池　好氧型化粪池由好氧型细菌对粪便进行分解，而兼性型化粪池则上部由好氧型细菌分解，下部由厌氧细菌分解。这两种形式都必须供入氧气。按供应氧气的方法又可分自然充气式和机械充气（曝气）式两种。

自然充气式化粪池可分为好氧型和兼性型。好氧型自然充气化粪池的深度常在 1m 以下，而兼性型则常为 1 ~ 2. 5m。它们都靠水面上藻类植物的光合作用提供氧气。藻类植物生长的上下限温度为 4 ~ 35℃，最佳温度为 20 ~ 35℃。在最佳温度下，好氧型自然充气式化粪池可在 40d 内将 BOD 值减少 93% ~ 98%。

自然充气式化粪池不需要任何动力，但它需要很大的占地面积。为了克服此缺点，可设法减少其进入液体的有机物含量，如和其他类型化粪池串联作为第二级化粪池，或在粪液进入以前进行固液分离等，以减少化粪池的容积和面积。

自然充气式化粪池的深度：对于气候温暖粪液预先沉淀过的情况下应为 1m；气候温暖粪液未经处理的情况下为 1.0 ~ 1.5m；气温有中等程度变化，粪液含有可沉淀物质时为 1.5 ~ 2m；气温变化很大，粪液中含可沉淀物质很多时为 2.0 ~ 2.5m。

机械充气式化粪池又称曝气氧化塘，它利用曝气设备从大气提供氧气，使好氧型细菌获得充足的氧气，同时使有机物呈悬浮状态，以便对有机物进行好氧型分解。

曝气氧化塘所用的曝气设备可分压缩空气式和机械式两类。压缩空气式曝气设备包括回转式鼓风机及布气器或扩散器。机械式曝气设备则为安装于化粪池液面的曝气机，常用的是曝气叶轮，其中最常见的是立轴泵型叶轮，安装时常浸入池液中。叶轮可安在架上或用浮桶浮动支持。当叶轮转动时，液体沿叶轮的叶片向轮周流去，以高速离开轮缘，抛向空中后再行落下，以促进氧气的溶解。

机械充气式化粪池的深度一般为 2 ~ 6m。机械充气式化粪池可分为好氧型和兼性型。兼性型的深度较大，且采用较小功率的曝气机，此时化粪池底部将进行厌氧型细菌分解。由于它比较经济，所以机械充气式化粪池通常采用兼性型。机械充气式化粪池的尺寸、规格的计算和曝气机的选择可采用理论计算法或经验法。

（2）厌氧型化粪池　厌氧型化粪池又名厌氧塘。它的池深一般为 3 ~ 6m，不设任何曝气设备，而是由发酵而形成的水面浮渣层，使自然空气减少到最低程度，所以绝大部分主要由厌氧细菌进行粪便的分解，并进行沉淀分离。厌氧型化粪池的优点是不需要能量，管理少而节省劳动力，且能适应固体含量较高的粪液；缺点是处理时间长，要求池的容积大，对温度敏感，寒冷时分解作用差，有臭味。

厌氧型化粪池的结构与前述的室外地下贮粪坑相类似。利用新化粪池时应加入1/3～1/2池容量的水，粪便最好每天加入1次，化粪池上部的液体每年卸出1～2次，卸出量为池容量的1/3以上，但应保留至少一半的容量，以保证细菌的继续活动，为了保持此容积，在水分蒸发过多时可加入稀释水。沉淀的污泥有时可能6～7年清理一次。

厌氧型化粪池的容量包括最小设计容量、粪便容量、稀释容量、25年一遇的24h暴风雨量和安全余量。厌氧型化粪池的最小设计容量是为了保留应有的细菌数量之用，肉牛为49.1～93.7m^3/1 000kg活重，奶牛为56.3～107.4m^3/1 000kg活重，炎热地区采用小值，寒冷地区采用大值。

厌氧型化粪池容量中的粪便容量，当上部液体每年清除两次时，可按半年的时间根据牲畜头数和牲畜每日排粪量来计算求得。容量中的稀释量常取为1/2（最小设计容量）。25年一遇的24h暴风雨量可按当地气象资料，可使化粪池的高度增加到上述雨量的高度。安全余量也可反映为化粪池的高度，一般取为0.6m。

二、氧化沟

氧化沟是活性污泥法处理设备的一种改型。活性污泥法是一种城市污水和有机工业废水的处理方法。活性污泥是曝气池内絮凝的生物体，在曝气时活性生物体呈悬浮状态，由进入液供给的食物进行代谢。排出液进入沉淀池沉淀，沉淀后的上层清液排出，沉淀的污泥的一部分又回入曝气池，再和进入液混合，以便使系统活化。

氧化处理和活性污泥法处理在原理上是相同的，只是由氧化沟代替曝气池，它首先由荷兰的公共健康工程研究所提出，以适应小量污水的处理，于20世纪60年代开始应用于家畜粪便处理。

氧化沟是一个长的环形沟，沟内安有旋转筒，滚筒浸入液面7～10cm，滚筒旋转时叶板不断打击液面，使空气充入粪液内。由于滚筒的带动，液态粪以0.3m/s的速度旋转，使固体悬浮，加速了好氧型细菌的分解作用。氧化沟常建在畜禽舍的下方以代替粪坑。氧化沟也可建在舍外，舍外的氧化沟常用来处理液态污染物，如水冲清粪后的粪液、挤奶间和畜产品加工厂的污水等。

图9－1表示了安有其他附属设备的室外氧化沟。污水先通过条状筛，以防止大杂物进入，粪液进入氧化沟，在沟内作环状流动并由好氧细菌分解。氧化沟处理后的液态物排入沉淀池。沉淀池的上层清液可放出，或在必要时氯化消毒后放出。沉淀的污泥由泵打至干燥场，或打回氧化沟，打回氧化沟的污泥起活性污泥的作用。在一般情况下，氧化沟内的污泥每年清除2～4次。氧化沟处理后的混合液体也可放入贮粪池，以便在适合的时间洒入农田里。

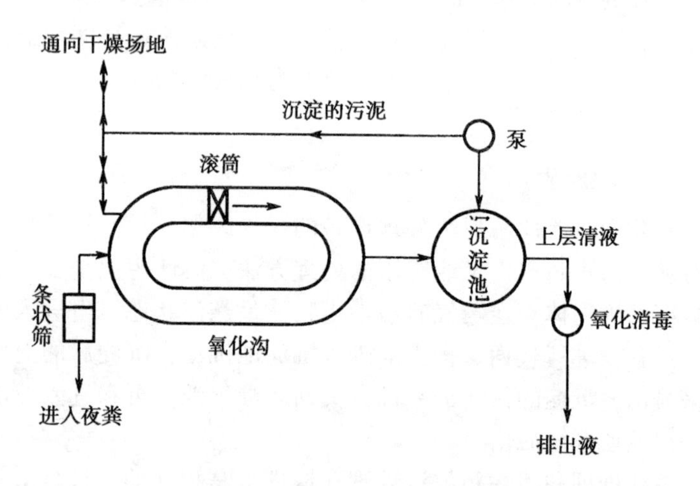

图9－1　氧化沟粪便处理系统

氧化沟的优点是工作时消耗劳动少，无臭味，要求沟的容积小；缺点是消耗的能量多。

三、沼气发生设备

利用粪便产生沼气是采用受控制的厌氧细菌分解，将有机物（碳水化合物、蛋白质和脂肪）转化为简单有机酸和酒精，然后再将简单有机酸转化为沼气和二氧化碳。图 9－2 表示了生产沼气的设备组合。

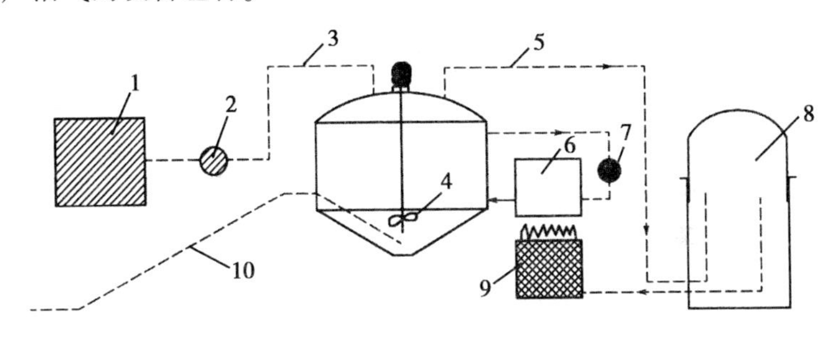

图 9－2　沼气发生设备

1－贮粪池；2－粪泵；3－粪便输入管；4－搅拌器；5－沼气导出管；6－热交换器；7－外加热粪泵；8－贮气罐；9－加热器；10－腐熟粪便排出管

发酵罐是一个密闭的容器，为砖或钢筋混凝土结构。有粪液输入和输出管道，罐外设有热交换器对粪液进行加热以提高发酵效率。罐中有搅拌器进行搅拌以使粪液温度均匀，有利于有机物的分解。产生的沼气引入贮气罐。贮气罐有上下浮动的顶盖，以保持沼气有一定的压力。经过发酵处理后的粪便引出后可作为优质肥料。

四、堆肥设备

堆肥是固态畜禽粪便的发酵处理方法。它是将畜禽粪便和植物茎秆等有机物进行堆积，由细菌的作用将有机物分解为稳定物质。根据堆内氧气情况，可分好氧型和厌氧型两种。

好氧型堆肥设备包括堆肥场、运输设备和翻动设备。形成的堆肥呈高 1.5～2m，宽 2.5～4m 的长条堆状，顶部可按休止角形成 30°坡顶，多雨气候下应成半圆顶或加顶棚防雨：每 2～3d 翻动一次，以充入空气保证好氧性细菌的活动。堆积可用装载机，翻动可用装载机或专用的拌粪机。拌粪机是装有带齿滚筒的跨在肥堆上的自走式机器，在向前移动的同时将粪堆翻转混合。堆肥的最佳参数为：有机物碳氮比（26～35）：1，含水率50%～60%。堆内温度38～55℃，整个堆肥过程约需6周，产品无臭味，呈暗棕色或黑色，不溶于水，稍有土味和霉味，呈松散状。

另有一种好氧堆肥设备是带有搅拌装置和强制通风的容器，在此容器内进行发酵，时间可大为缩短，且便于机械化，但设备投资高。

厌氧型堆肥常堆成高2～3m，宽5～6m，长达50m的粪堆，不进行翻动，所以设备简单。它的堆内温度低，堆肥时间需4～6个月，堆肥过程中散发臭味，因此，需加塑料膜覆盖。最终产品含水率较大，但氮损失少。

现代的堆肥以好氧型居多。和其他过程相比，堆肥的优点是能生产出已消灭虫卵和草籽的肥料和土壤改良剂，节省水和节省占地面积；缺点是消耗劳动力多。常用于需要温室土壤和需进行土壤改良的农牧场、需要堆肥后产品加入垫草循环使用的饲养场、干旱地区围场饲养的大型畜禽养殖场以及无农田需作完全性处理的集约化饲养场。

五、粪便机械分离设备

畜禽粪便的分离即将粪便分离成液态部分和固态部分，它经常是粪便贮存前或处理前的一项工序。分离后的液态部分可进入贮粪池、化粪池或氧化沟等做进一步的生物学处理；固态部分可做土壤改良材料犁入农田，或干燥后做垫草或绝热建筑材料等。进行分离的优点是可减少生物处理设备中的沉淀物和有机物负荷，以减少生物处理设备的容积和延长其使用期，液态部分输送时不易堵塞。

畜禽粪便的分离分重力分离和机械分离两种。重力分离设备主要是沉淀池。机械分离设备则有筛式、离心式、螺旋挤压式和压滚式种。筛式分离设备根据筛子的形状和工作原理又分固定斜筛、振动平筛和滚筒筛种。

固定斜筛的结构十分简单，本体是一焊接机架，上面安有一斜槽，槽内有筛板（穿孔的金属板）。筛板下有斜底，滤过液就通过斜底上的排出管排入存容器，而固态成分（稠状物）则沿筛板滑向收集器或输送器。这种分离设备能分离出58%的总固体量，但排出的稠状物含水率仍较高（86%～90%），因此还需要进一步脱水。

振动平筛由环状机体构成，机体上张紧了带0.8mm×0.6mm孔的筛板，振动器使机体振动，而机体则支持在缓冲弹簧上。粪便由管进入，只含干物质1%的滤出液被收集在容器内做进一步处理，而含水率为85%的稠状物由筛上沿槽排出。

滚筒筛的主要部分是一低速回转的筛状滚筒，滚筒上的筛孔尺寸为1.1mm或2mm。滚筒由减速器和链传动带动。滚筒的前支点为中空并用来进入液态粪便，滚筒的后轴颈和振动器轴相连，振动器振动频率为每分钟940～1 060次，振幅5mm。振动器由电动机通过三角皮带传动。滚筒筛的工作进程如下。液粪通过闸门由进料管进入滚筒，在滚筒内，液粪在惯性力和重力的作用下，能将原来的95.1%含水率的液粪分离成含水率为99.12%～99.16%的液态部分和含水率为85.6%～85.7%的稠状部分。

图9－3表示了离心分离机的示意图。其主要部件是在外罩内的转子，转子内部有螺旋，螺旋上有带孔的空心轴，空心轴内安有喂入管。在离心分离机的机体上有两个排出管；稠状物排出管和液体排出管。离心分离机的工作过程如下。原粪液沿螺旋轴的中空部分进入，通过中空轴壁上的孔进入转子内腔。转子和螺旋沿同一方向回转，但螺旋的转速比转子转速低1.5%～2.0%。在离心力的作用下，悬浊液被甩向转子的内壁。固体颗粒的密度比液体密度大，固体颗粒会在转子内表面沉积成一层，并被螺旋推向转子圆锥的小端。而液体部分则被进入

的液体挤向相反的方向，并通过转子上的孔进入液体排出管。液粪的通过量愈小，固态部分的含水率也愈小，也即脱水效果将提高。根据资料，所需功率为32kW的离心分离机通过量为20～25t/h，原始液粪含水率为91%～94%时，固态部分含水率可达67%～70%。

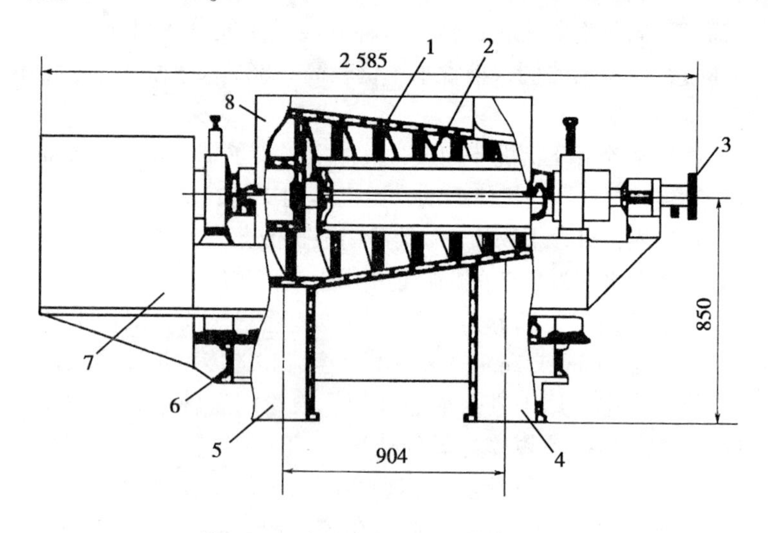

图9－3　离心分离机　　单位：mm

1－转子；2－螺旋；3－喂入管；4－稠状物排出管；5－液体排出管；6－机架；7－电动机；8－外罩

图9－4表示了螺旋挤压式分离机的示意图。它由带孔的圆筒、喂料螺旋和挤压螺旋、液压传动的挤压锥体、外壳、带减速器的电动机以及机架等组成。螺旋挤压式分离机一般和筛式分离机配合使用。从筛式分离机分离出的稠状物进入装料斗，由喂入螺旋沿圆筒推移，被挤压出的液体通过筒上的小孔流入底板。挤压螺旋的螺距较小，转速较低，当粪便被推移到挤压螺旋时将被挤压并排出液体。可以调节挤压锥体改变排出口的面积从而改变挤压的程度。筛式分离机和螺旋挤压式分离机联合成机组后，当粪液通过量为10～17t/h时，悬浮物质分离率为

80%～81%，稠状物的含水率为68.9%～72.4%。

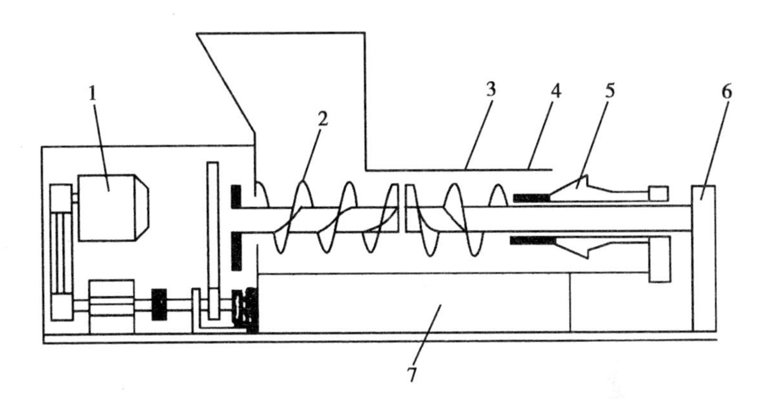

图9－4　螺旋挤压式分离机

1－电动机；2－喂入螺旋；3－挤压螺旋；4－带孔的圆筒；5－挤压锥体；6－挤压锥体的液压传动装置；7－外壳

第二节　废弃物利用

目前对牛场粪尿利用主要有3个方面：一是做肥料，二是制备沼气，三是养殖蚯蚓。粪便污水中含碳有机物经厌氧微生物等作用产生沼气，沼气可作燃料、发电等，沼渣可作肥料，沼液可排入鱼塘进行生物处理。

沼气发酵的类型有高温发酵（45～55℃）、中温发酵（35～40℃）、常温发酵（30～35℃）3种。我国普遍采用常温发酵，其适宜条件是：温度25～35℃，pH值6.5～7.5，碳氮比（25～30）：1；有足够的有机物，一般每立方米沼气池加入1.6～1.8 kg的固态原料为宜；发酵池的容积以每头牛0.15 m^3为宜。常温发酵效率较低，沼液、沼渣需经进一步处理，以防造成二次污染。有条件的牛场，可采用效率较高的中温或高温发酵。

模块十　养殖场的经营管理

养殖场的经营管理是养殖场生产的重要组成部分，是运用科学的管理方法、先进的技术手段统一指挥生产，合理地优化资源配置，大幅度提升养殖场的管理水平，节约劳动力，降低成本，增加效益。使其发挥最大潜能，生产出更多的产品，以达到预期的经济效益和社会效益。肉牛规模化养殖，通过科学的管理还可提高生态效益。

经营管理是在国家政策、法令和计划的指导下，面对市场的需要，根据养殖场内、外部的环境和条件，合理地确定养殖场的生产方向和经营总目标；合理组织养殖场的产、供、销活动，以求用最少的人、财、物消耗取得最多的产出和最大的经济效益。管理是指根据养殖场经营的总目标，对养殖场生产总过程的经济活动进行计划、组织、指挥、调节、控制、监督和协调等工作。经营确定管理的目的，管理是实现经营目标的手段，只有将两者有机地结合起来，才能获得最大的经济效益。只讲管理，不讲经营，或只讲经营，不讲管理，均会使养殖场生产水平低，经济效益差，甚至亏损，使养殖场难以生存。因此，养殖场管理者不仅要注意生产技术方面的提高，还要抓好养殖场的经营管理。

第一节　畜禽类产品营销

畜牧业是衡量一个国家和地区农业发展水平的重要标志，农业发达的国家，畜牧业产值一般都占到农业总产值的60%以上。随着人们收入水平的提高，畜牧类产品的消费比例将持续上升。

一、肉市场营销

肉是百姓生活的必需食品，它的发展水平是衡量百姓生活改善程度的一个重要依据。随着我国人民生活水平的逐年提高，我国肉产品的增长率也出现了稳步增长的势头。肉制品加工业与农业关联度极强，相辅相成，相互促进，紧密相关，受到国家产业政策的大力支持和政府关注。

（一）肉市场流通主体构成

1. 集中交易市场

集中交易市场常指“当地市场”，由独立或合作所有者运营，或由肉生产公司运营来购买生猪。当乡村经销商有交易设施和大规模运营时，通常很难把这种市场与乡村经销商区分开。

2. 集散公共市场

这是一种大的中心市场。它收到生猪后加以管护，对所有愿意利用该市场的人都提供买卖方面的权益。市场设施通常由畜栏公司拥有，这种组织方式常被比做“生猪旅馆”，它不介入生猪买卖，仅提供交易设施并收取场地使用费。

3. 拍卖市场

拍卖市场（Auctions）在拍卖的基础上向公众销售，有些拍卖市场是育肥生猪和种畜的主要销路和货源，有些则是屠宰生猪的销路，并由肉生产商、经销商以及其他类型买主资助。

4. 地方合作协会

地方合作协会原来的职能主要是作为运输机构从畜牧生产者手中收集小批量生猪以整车批量运送到集散市场。许多协会从事更为广泛的服务，经常把它们的生猪直接卖给肉生产商或其他买主，某些生产者团体从事讨价还价活动。

5. 乡村经销商

乡村经销商是为获利而买卖生猪的独立运营商，又称贩运商。他们通常从农民手中购买生猪然后转卖给肉生产商或其他市场机构。某些经销商拥有小的营运场地，其他的则仅靠货车运营，从畜牧生产者手中收购生猪。

6. 佣金商

农民通常把他们的生猪委托给佣金商作为他们的销售代理商，这些代理商收取佣金费用作为工作的报酬，佣金机构可以是私人所有也可以是合作所有，有些私人佣金商组织为所谓的生猪交易所，这些组织对其交易惯例进行自律并从事成员互相关心的其他活动。

7. 订单买主

订单买主收取一定费用，从集散市场、拍卖市场或产地为其他买主购买饲料和需要饲养的生猪。

8. 肉生产与加工厂商的集货

某些生猪屠宰分割与肉加工厂位于大的集散市场附近，通过集散市场设施管护他们的绝大部分生猪。有些位于产地或中央市场的厂家，在工厂内或在产区内会拥有自己购买生猪的场地。有些厂家从经销商、集中交易市场、拍卖市场或从畜牧生产者手中直接购买所需的生猪。某些情况下零售商或冷冻食品加工厂也自己购买和屠宰生猪。

9. 其他形式

生猪从一个畜牧生产者到另一个畜牧生产者的销售也是重要销路，特别是为了饲养和繁育生猪。

绝大多数生猪买主和卖主利用多种市场和代理商。生产者关心的是当地买主和销售方式选择的数量对生猪价格的影响，当然生猪市场的竞争程度并不完全取决于生猪买主的数量，只有两家买主会与有十家买主一样激烈竞购。可以利用电子商务手段，如长途电话、传真、电子邮件、国际互联网，再加上现代运输，快速地扩展卖主的营销选择，进而维持当地市场的竞争状态。

（二）肉市场的两种营销模式：分散营销和集中营销

1. 分散营销和集中营销的含义

分散营销是指生猪销售在畜牧生产者与肉加工商之间直接进行，没有使用集散市场设施和服务，分散营销使生猪定价的地点由中央化的集散市场转移到众多的乡村地点。分散营销又称直接营销（Direct Marketing）。分散营销的代表情形是：肉加工厂商从畜牧产区拍卖市场、乡村经销商那里购买生猪。

某些畜牧生产者利用集散市场销售生猪，即集中营销。现代通信网络和电子商务，可以把所有当地市场与集散市场联结起来，成为一个虚拟的统一市场。

2. 分散营销和集中营销的比较

分散营销和集中营销两种营销模式并存，各有优点和不足，因不同原因对各种生猪买主和卖主各具吸引力，对畜牧生产者和肉加工企业来说，两种市场类型具有同等的但又不同的优势。

有许多畜牧生产者偏爱直接营销甚于集散市场销售，原因是直接营销只需要很少的营销服务，因此对畜牧生产者来说只有很少的个人营销费用支出；直接销售缩水较小（产品损失和营销的价值）；直接销售更加便利；利用分散营销，在生猪定价和出售前，畜牧生产者对生猪保持实际控制，这些也许是许多畜牧生产者偏爱这种营销渠道的原因。

某些畜牧生产者仍然利用集散市场，某些情况下也许没有别的选择，但是规模小的生产者常常需要和看重集散市场提供的服务。有些畜牧生产者认为，在集散市场上有更多的买主和卖主亲自光顾集散市场，竞争更加激烈。

分散生猪市场的价格形成效率也受到关注，对畜牧生产者来说，分散化加剧了市场信息采集处理问题，在众多的生猪分散市场上收集和发布价格方面准确有用的市场信息是困难的，人们建立了畜牧产业的电子商务和虚拟的统一市场，试图在分散化市场上保持集中交易的定价效率。

二、禽蛋市场营销

我国是世界上禽蛋生产与消费的第一大国。近年来我国禽蛋产量逐年增加，禽蛋市场的变化对居民食物消费生活产生了一定影响。

（一）禽蛋市场供给

目前，国内的蛋鸡密集养殖区主要集中在河北、山东、河南、辽宁、江苏、吉林、四川等省。这些地区的优点有三个方面，一是位于粮食主产区，饲料价格低，有助于降低生产成本；二是靠近北京、上海、天津等主要交通枢纽城市，有利于蛋品迅速、集中销售到广州等大城市和南部销区省份；三是有更适合家禽生产的气候条件。

近年来，由于密集养殖区鸡蛋市场价格波动幅度大、禽流感发病严重、运输费用增加、沿海地区进口饲料便宜、养鸡设施的改善等因素影响，北方许多原来养蛋鸡多的地方存栏量在迅速减少，如河北同比减少了30%以上。过去调进鸡蛋的地区，由于养殖技术问题的解决和鸡蛋价格贵的原因致使养殖量大幅增加。随着我国蛋鸡养殖业的发展，目前正出现产区南移局面，由北方的“鸡蛋主产区”向南方的“鸡蛋主销区”转移，如湖北、两广地区。

目前主要的禽蛋生产企业及其布局为：咯咯哒在东北，以大连为核心市场，主要市场包括东北和华北，目前已经在华东、华南和中部布局，销售规模在2亿元左右；德青源以北京为核心市场，辐射天津、河北等地，筹划布局华东和华南，销售规模达1.5亿元；圣迪乐村以四川为核心市场，重点市场为重庆、武汉，已进入华东、华南和北京等地，销售规模达1.7亿元；展望以上海为核心市场，重点市场为江苏、浙江，销售规模近1亿元；神丹、梅香等蛋品企业，已经建立好了全国网络，生鲜鸡蛋也借网络进入了全国市场。

（二）禽蛋市场价格

对于禽蛋养殖业来说，以往正常市场变化规律是三年为一个市场变化周期。就一年而言，受春节消费集中影响，价格节前先升后降，一般降至农历正月十五便有好转的迹象。受五一劳动节、端午节影响，一般从五一劳动节前开始上涨，至端午前夕出现一个高峰而后回落。历年麦收季节也是鲜蛋市场进入淡季的时期。历年上半年价格最高点出现在 5 月下半月，最低点出现在3 月上半月；全年9 月最高，10 月次之，8 月是全年平均蛋价。

我国鲜蛋主产区为北方，主销区为南方，北方鲜蛋主要以汽运、海运等方式送至南方，由于运输等环节的成本因素，导致南高北低的鲜蛋批发价格差。南方养殖成本高于北方，目前蛋鸡不饱和状态仍较北方市场明显，从而导致南方蛋价高于北方。随着北方养殖量的减少，以湖北为代表的南方养鸡业的不断壮大，出现北方供应量相对减少、南方供应量增加的现象，当地鸡蛋的供应关系变化成为鸡蛋价格走势的杠杆，南方市场正向饱和状态发展。

影响禽蛋价格的主要因素如下。

1. 养殖成本因素

（1）饲料费用　在生产成本费用构成中，主要是饲料费用支出，占总支出的 60% ~70%，第二项是雏鸡费，占 15% ~20%。最后是疾病防治费等。鸡蛋作为一种禽产品，实质上是饲料的转化物，对养鸡户的影响最大。其中，玉米和豆粕是鸡饲料中能量和蛋白质营养的主要构成原料，分别占全价料（蛋鸡料）的60% ~65%和 20% ~25%。玉米价格和豆柏价格的变化将直接影响饲料成本的变化，进而影响鸡蛋价格的波动。而国家农业政策的改变、农业收成情况、饲料行业状况等因素的变化又将直接影响到饲料价格的变动趋势。

（2）鸡雏费用分析　鸡雏费用占饲养总支出的 15% ~20%。

能够选择到适应自身饲养条件的鸡种，在不增加任何投资的条件下，就可增加10%～15%的经济收入。据调查，雏鸡价格一般均随蛋价的变化而变化，鸡雏费用对蛋价的影响具有潜在的长远性，因此，雏鸡成本所体现的鸡雏的品质高低关系到鸡群的生长速度、产蛋量、抗病力、成活率等经济指标的效益，是影响鸡蛋价格的一个重要因素。

2. 供需关系分析

（1）生产规模分析　我国蛋鸡养殖业之所以会出现大起大落的行情状况，很重要的一个原因就是农户在蛋鸡养殖规模上的盲目性。因为我国目前的养殖状况主要是以散户养殖为主，所以在统筹规划方面欠缺。很多养殖户看到别人养鸡赚了钱，不管条件是否允许，也不管全国整体养殖情况如何，也盲目扩大生产规模或出现蜂拥养殖，这样就大大超过了自身的承受能力及市场的承受能力，造成养殖户经济效益下降，同时致使市场蛋品供过于求，相互恶性竞争，鸡蛋价格下跌。

（2）市场需求因素分析　蛋鸡养殖的经济效益受市场供求关系的制约，供过于求时，蛋价下跌，相反则会提高。市场经济条件下，一切生产活动均以市场为中心，以社会消费需求为导向。鸡蛋目标市场的消费结构和消费水平的变动情况，决定了目标市场对鸡蛋的社会需求量和市场购买力的大小，从而决定了养殖户生产规模的制定。通过消费者的需求影响，直接影响到价格变化，这就如每年的5、8、9月，几乎都会出现两个很明显的高起波段，其原因就是节前消费者（主要是大买家用户）对鸡蛋的需求量增加，所以带动价格上涨。

3. 出口情况影响

20世纪70年代，我国是蛋品出口大国，出口的品种中有鲜蛋、再制蛋和蛋制品，最高时期出口鲜蛋量曾达到10万t以上，80年代也还保持在8万t左右。但是进入90年代后，我国鲜蛋产量虽然逐年飞速发展，出口量却一直下滑，2001年出口量仅为5.8万t。鸡蛋市场长期存在“三多三少”问题，即普通蛋多品牌蛋少，带壳蛋上市多深加工蛋少，鸡蛋直接食用多开发利用少。近几年，我国蛋品生产企业注重加强品牌意识，不断提升蛋品质量，力争抢占国际市场份额，但是毕竟出口数量有限，对国内鸡蛋价格并未带来很大影响。

4. 其他影响因素分析

(1) 替代产品的价格影响　尽管鸡蛋是人们的生活必需品，但也有一定的需求弹性。肉鸡、猪肉、牛肉、羊肉、牛奶、蔬菜等其他替代品的价格变动也会影响消费者对鸡蛋的需求。秋天蔬菜价格低，人们就会大量购入蔬菜，减少对鸡蛋的购买量，鸡蛋价格就会下跌。反之，进入冬季，天气寒冷，大棚蔬菜价格高涨，也会带动鸡蛋价格上涨。

(2) 消费习惯变化的影响　消费习惯变化主要受地区与消费季节的影响。季节因素的影响：夏季人们的饮食习惯是喜欢偏清淡的食物，对猪、牛、羊肉等替代品的消费会减少，对鸡蛋的需求增多，鸡蛋价格就会升高；反之，冬季消费量相对会减少，蛋价降低。消费旺季的影响：每年的春节、中秋节、国庆节、端午节等传统节日，无论是鲜蛋的直接消费，还是加工需求都显著上升，需求旺盛，使蛋品市场需求进入一个高峰期，鸡蛋价格升高。

(3) 天气因素及运输成本的影响　天气变化会影响到鸡蛋储运情况，直接关系到鸡蛋价格的变化。例如，每年的夏季，天气炎热，蛋品储存难度增大，如遇多雨天气，则对交通运输会带来诸多不便；冬季，风雪天气也会影响交通运输。同时，随着国际原油涨价，运输成本会进一步增加，从而对鸡蛋价格及养殖户的收益情况带来影响。

(4) 疫病的影响　目前，我国蛋鸡饲养场（舍）的布局弊端颇多，使用年代越长的鸡场（舍），环境污染越严重，尤其是一些养殖大村、大户。用于鸡病预防和治疗的各种疫苗、检疫、消毒、药品等费用增加。随着蛋鸡业生产的快速发展，饲养环境的逐步恶化，舍内有害气体浓度超标，种种因素诱发了一些非条件性疾病和非典型性传染疾病的发生，使得产蛋鸡死亡率上升、产蛋率降低、蛋品质下降，疾病发生的种类与频率都呈明显上升的趋势，导致疾病防治费占饲养总成本的构成比例出现了明显提高，养鸡户感叹鸡病太多药费支出大。

三、奶产品市场营销

（一）奶产品流通状况

1. 零售业态

快速消费品，销售渠道必须依赖零售渠道，即便利店、连锁超市、大卖场、网络销售。液体奶、酸奶和奶酪，依托连锁超市和便利店。奶粉目前越来越集中在大卖场和大型连锁超市。

婴幼儿奶粉还有两个渠道的发展也是值得关注的，那就是新兴渠道：一个是婴幼儿用品专卖店，另一个是网络销售。

2. 城市级别

一线城市（如北京、上海、广州），渠道渗透相对饱和基本上呈现出“无处不在”的地步，是高端产品的沃土，它们在这里生根发芽，茁壮成长。

二线城市（如武汉、福州、青岛），表现出“阵地”风范，以其庞大的市场容量和相对较强的顾客购买力，成为乳制品市场的核心市场。

三线城市（县、地级市、城乡结合部），相对比较复杂的“未来主战场”。

（二）奶产品国际贸易

1. 出口方面

我国乳制品的出口量仍处于低迷的状态。2008 年“三聚氰胺”事件的爆发对国内乳制品行业打击很大，再加上金融危机的影响，国际市场的乳制品价格暴跌，当时乳制品进出口情况也发生了巨大的转变，出口骤降。近年来，出口仍处在缓慢恢复阶段，因为国内生产能力有限，很多国家对我国乳制品和含乳食品都采取了限制措施，我国乳制品在国际上的竞争能力还有待提高和恢复。

2. 进口方面

近年来，我国乳制品进口量增幅明显，2014 年的进口量已超过 98 万 t，再创历史新高。

（三）奶产品市场营销策略

1. 奶产品销售渠道

奶产品属于快速消费品，销售渠道必须依赖零售渠道，即便利店、连锁超市以及大卖场。液态奶、酸奶和奶酪，依托连锁超市和便利店（含奶亭、杂货店）较为普遍，尤其是液态奶对便利店的利用较为普遍。而酸奶和奶酪由于必须依托冷链的支持，只能在有冷链的零售商店销售，普通的便利店基本上没有铺货（当然也有非正规企业的非正规铺货）。

与它们三大品类有本质区别的品类就是奶粉。目前越来越集中在大卖场和大型连锁超市，而在便利店基本上没有奶粉销售，甚至有些连锁超市的奶粉销售也逐步下滑，超市里的货架空间也越来越小。这就说明，奶粉越来越失去快速消费品的特点，而呈现出“葡萄酒”“高档白酒”以及“护肤品”的特征，从渠道驱动完全转向消费者驱动。

不过，对婴幼儿奶粉而言，还有两个渠道的发展也是值得关注的，那就是新兴渠道：一个是婴幼儿用品专卖店，另一个是网络销售。这两个渠道目前的绝对成交额虽然不是很大，但增长率却高得惊人，尤其是网络销售的增长率基本每年以翻番的速度增长。

2. 奶产品市场需求

从奶产品总体趋势上看，一二三线市场以及农村市场，都得到了良好的发展，可以说，乳制品正在被全国人民所接受。不过，不同层级的市场也呈现出不同的态势。

一线城市（如北京、上海、广州），渠道渗透相对饱和，以常温奶为例，其品类渗透率已经突破90%，基本上呈现出“无处不在”的地步。这是和二三线城市最大的区别。此外，一线城市也是高端产品的沃土，无论是高端牛奶，还是高端奶粉，或是高端酸奶和奶酪，都在这里生根发芽，茁壮成长。

二线城市（如武汉、福州、青岛），则表现出“阵地”风范，以其庞大的市场容量和相对较强的顾客购买力，成为乳制品市场的核心市场。与一线城市相比，乳制品在二线城市尚有成长空间，尤其全国连锁超市在二线城市的发展以及国际性大卖场向二线城市的渗透，将这一空间变得更加可观。

三线城市［发达地区县级市（如江苏省常熟市）及欠发达地区地级市和县级市（如内蒙古自治区乌海市、二连浩特市等）］，相对比较复杂。因为不仅其发展不均衡，数量也庞大，划分上也非常复杂。做营销的人，对三线城市的划分，基本不按照行政级别划分，而是根据它的规模和发展程度划分，因此，欠发达地区的地级市也常常被划分为三线城市。从渠道业态的发展角度上看，三线城市相对比较简单，主要以连锁超市和便利店为主，乳制品无论哪个品类在三线城市都有着巨大的成长空间。正因为三线城市的数量庞大，而且承载着“城乡结合部”的功能，乳业巨头们把三线城市定义为“未来主战场”。而且，从乳制品的渗透率以及消费者购买力上看，三线城市确实不容忽视，成为“主战场”只是时间问题。

第二节 畜禽成本及盈利分析

养禽场的生产目的是通过向社会提供禽类产品而获得利润。无论哪一个养禽场，首先要做到能够保本，即通过销售产品能保证抵偿成本。只有保住成本，才能为获得利润打好基础。所以要经常根据生产资料和生产水平了解产品的成本，算出全场盈亏和效益的高低。生产成本分析就是把养禽场为生产产品所发生的各项费用，按用途、产品进行汇总、分配，计算出产品的实际总成本和单位产品成本的过程。

一、畜禽生产成本的构成

畜禽生产成本一般分为固定成本和可变成本两大类。

（一）固定成本

固定成本由固定资产（养禽企业的房屋、禽舍、饲养设备、运输工具、动力机械、生活设施、研究设备等）折旧费、基建贷款利息等组成，在会计账面上称为固定资金。特点是使用期长，以完整的实物形态参加多次生产过程，并可以保持其固有物质形态。随着养禽生产不断进行，其价值逐渐转入到禽产品中，并以折旧费用方式支付。固定成本除上述设备折旧费用外，还包括利息、工资、管理费用等。固定成本费用必须按时支付，即使禽场不养禽，只要这个企业还存在，都得按时支付。

（二）可变成本

可变成本是养禽场在生产和流通过程中使用的资金，也称为流动资金，可变成本以货币表示。其特点是仅参加一次养禽生产过程即被全部消耗，价值全部转移到禽产品中。可变成本包括饲料、兽药、疫苗、燃料、能源、职工工资等支出。它随生产规模、产品产量而变化。

在成本核算账目计入中，以下几项必须记入账中：工资、饲料费用、兽医防疫费、能源费、固定资产折旧费、种禽摊销费、低值易耗品费、管理费、销售费、利息。

通过成本分析可以看出，提高养禽企业的经营业绩的效果，除了市场价格这一不由企业决定的因素外，成本则应完全由企业控制。从规模化集约化养禽的生产实践看，首先应降低固定资产折旧费，尽量提高饲料费用在总成本中所占比重，提高每只禽的产蛋量、活重和降低死亡率。其次是降低料蛋价格比、料肉价格比控制总成本。

二、生产成本支出项目的内容

根据畜禽生产特点，禽产品成本支出项目的内容，按生产费用的经济性质，分直接生产费用和间接生产费用两大类。

(一) 直接生产费用

即直接为生产禽产品所支付的开支。具体项目如下。

1. 工资和福利费

指直接从事养禽生产人员的工资、津贴、奖金、福利等。

2. 疫病防治费

指用于禽病防治的疫苗、药品、消毒剂和检疫费、专家咨询费等。

3. 饲料费

指禽场各类禽群在生产过程中实际耗用的自产和外购的各种饲料原料、预混料、饲料添加剂和全价配合饲料等的费用，自产饲料一般按生产成本（含种植成本和加工成本）进行计算，外购的按买价加运费计算。

4. 种禽摊销费

指生产每千克蛋或每千克活重所分摊的种禽费用。

种禽摊销费（元/kg）=（种禽原值－种禽残值）/禽只产蛋重

5. 固定资产修理费

是为保持禽舍和专用设备的完好所发生的一切维修费用，一般占年折旧费的5%～10%。

6. 固定资产折旧费

指禽舍和专用机械设备的折旧费。房屋等建筑物一般按10～15年折旧，禽场专用设备一般按5～8年折旧。

7. 燃料及动力费

指直接用于养禽生产的燃料、动力和水电费等，这些费用按实际支出的数额计算。

8. 低值易耗品费用

指低价值的工具、材料、劳保用品等易耗品的费用。

9. 其他直接费用

凡不能列入上述各项而实际已经消耗的直接费用。

（二）间接生产费用

即间接为畜禽产品生产或提供劳务而发生的各种费用。包括经营管理人员的工资、福利费；经营中的办公费、差旅费、运输费；季节性、修理期间的停工损失等。这些费用不能直接计入某种畜禽产品中，而需要采取一定的标准和方法，在畜禽场内各产品之间进行分摊。

除了上两项费用外，畜禽产品成本还包括期间费。所谓期间费就是养畜禽场为组织生产经营活动发生的、不能直接归属于某畜禽产品的费用。包括企业管理费、财务费和销售费用。企业管理费、销售费是指畜禽场为组织管理生产经营、销售活动所发生的各种费用。包括非直接生产人员的工资、办公、差旅费和各种税金、产品运输费、产品包装费、广告费等。财务费主要是贷款利息、银行及其他金融机构的手续费等。按照我国新的会计制度，期间费用不能进入成本，但是养畜禽场为了便于各畜禽的成本核算，便于横向比较，都把各种费用列入来计算单位产品的成本。

以上项目的费用，构成畜禽场的生产成本。计算畜禽场成本就是按照成本项目进行的。产品成本项目可以反映企业产品成本的结构，通过分析考核找出降低成本的途径。

三、生产成本的计算方法

生产成本的计算是以一定的产品对象，归集、分配和计算各种物料的消耗及各种费用的过程。畜禽场生产成本的计算对象一般为种蛋、种雏、肉仔畜禽和商品蛋等。

（一）种蛋生产成本的计算

每枚种蛋成本＝（种蛋生产费用－副产品价值）/入舍种禽

出售种蛋数

种蛋生产费为每只入舍种禽自入舍至淘汰期间的所有费用之和，包括种禽育成费、饲料、人工、房舍与设备折旧、水电费、医药费、管理费、低值易耗品等。副产品价值包括期内淘汰禽、期末淘汰禽、禽粪等的收入。

（二）种雏生产成本的计算

种雏只成本 =（种蛋费 + 孵化生产费 − 副产品价值）/出售种雏数

孵化生产费包括种蛋采购费、孵化生产过程的全部费用和各种摊销费、雌雄鉴别费、疫苗注射费、雏禽发运费、销售费等。副产品价值主要是未受精蛋、毛蛋和公雏等的收入。

（三）雏禽、育成禽生产成本的计算

雏禽、育成禽的生产成本按平均每只每日饲养雏禽、育成禽费用计算。

雏禽（育成禽）饲养只日成本 =（期内全部饲养费 − 副产品价值）/期内饲养只日数

期内饲养只日数 = 期初只数 × 本期饲养日数 + 期内转入只数 × 自转入至期末日数 − 死淘禽只数 × 死淘日至期末日数

期内全部饲养费用是上述所列生产成本核算内容中 9 项费用之和，副产品价值是指禽粪、淘汰禽等项收入。雏禽（育成禽）饲养只日成本直接反映饲养管理的水平。饲养管理水平越高，饲养只日成本就越低。

（四）肉仔鸡生产成本的计算

每千克肉仔鸡成本 =（肉仔鸡生产费用 − 副产品价值）/出栏肉仔鸡总重（kg）

每只肉仔鸡成本 =（肉仔鸡生产费用 − 副产品价值）/出栏肉仔鸡只数

肉仔鸡生产费用包括入舍雏鸡鸡苗费与整个饲养期其他各项费用之和，副产品价值主要是鸡粪收入。

（五）商品蛋生产成本的计算

每千克禽蛋成本 =（蛋禽生产费用 – 副产品价值）/入舍母禽总产蛋量（kg）

蛋禽生产费用指每只入舍母禽自入舍至淘汰期间的所有费用之和。

主要参考文献

程文超 . 2015. 牛羊生产技术 [M]. 重庆: 西南师范大学出版社 .

孙卫东, 张克春 . 2016. 家畜防疫员 [M]. 北京: 化学工业出版社 .

吴明友 . 2012. 猪牛羊养殖技术 [M]. 成都: 电子科技大学出版社 .

张力 . 2015. 牛羊生产技术 [M]. 北京: 中国农业出版社 .